素质教育必备　校本读物首选

中小学生文明礼仪知识手册

主编　马利虎

学礼·知礼·懂礼
做礼貌文明之人

东南大学出版社
·南京·

图书在版编目(CIP)数据

中小学生文明礼仪知识手册/马利虎主编. —南京:东南大学出版社,2010.12(2013.8重印)

(中小学生安全·礼仪·法制·环保·卫生防疫知识)

ISBN 978-7-5641-2557-8

Ⅰ.①中… Ⅱ.①马… Ⅲ.①礼仪-青少年读物 Ⅳ.①K891.26-49

中国版本图书馆CIP数据核字(2010)第248590号

中小学生安全·礼仪·法制·环保·卫生防疫知识丛书

出版发行:东南大学出版社
社　　址:南京市四牌楼2号　邮编:210096
出 版 人:江建中
网　　址:http://www.seupress.com
主　　编:马利虎
经　　销:全国各地新华书店
印　　刷:淮安市亨达印业有限公司
开　　本:850mm×1168mm　1/32
印　　张:15
字　　数:360千
版　　次:2010年12月第1版
印　　次:2013年8月第2次印刷
书　　号:ISBN978-7-5641-2557-8
印　　数:40001~120000
定　　价:65.00元(共5册)

编者寄语

必要的礼仪、礼节和礼貌活动规范着人们社会行为的方向，告诉人们怎样做才是符合礼仪的，怎样做是不符合礼仪的。因为礼仪是律己敬人的行为规范，是人们在长期的社会实践中约定俗成的道德规范，它是衡量一个人道德水准高低和有无教养的标尺，也是一个人精神文明水平的具体体现。礼仪不仅在个人的立身处世中，而且在治国安邦中都有着重要的作用。人无礼则不生，事无礼则不成，国无礼则不宁。社会发展到今天，社会交往范围日益扩大，频率日益密集，真诚、得体、富有魅力的交往礼仪已成为扩大交流、增进友谊、加强合作、促进发展的重要手段。有“礼”走遍天下，无“礼”寸步难行，“礼仪助你成功”已成为世人的共识！中小学生是祖国未来建设的主力军，对他们开展必要的文明礼仪教育，让他们学习礼仪知识，增强礼貌意识，规范文明行为，提高道德素养，使他们成为有道德、有理想、有作为的社会主义一代新人是每个教育工作者应尽的义务。

我们新编的《中小学生文明礼仪知识手册》内容系统、新颖，配图准确、生动，再加上活泼的版面设计和鲜丽的彩色印刷，一定会给广大青少年的学习过程增添很强的趣味性和可读性，让他们在积极主动和快乐的心境中增长礼仪礼貌知识，提高礼仪道德素养。

礼仪助你成功

有“礼”走遍天下
无“礼”寸步难行
她让你学会真诚、得体、
富有魅力的交往礼仪
她让你养成礼貌、文明、
令人赞赏的行为习惯
她让你具有理解、宽容、
谦让、真诚的待人态度
和庄重大方、热情友好、
谈吐文明、讲究卫生的
行为举止……

目 录

第一篇　礼仪概述

一、礼仪的概念

礼仪就是律己、敬人的一种行为规范，是表现对他人尊重与理解的过程和手段。礼仪涉及打扮、交往、沟通、情商等方面。

从个人修养的角度来看，礼仪可以说是一个人内在修养和素质的外在表现；从交际的角度来看，礼仪可以说是人际交往中适用的一种艺术、一种交际方式或交际方法，是人际交往中约定俗成的示人以尊重、友好的习惯做法；从传播的角度来看，礼仪可以说是在人际交往中进行相互沟通的技巧。

礼仪是指人们在社会交往中由于受历史传统、风俗习惯、宗教信仰、时代潮流等因素影响而形成，既为人们所认同，又为人们所遵守，是以建立和谐关系为目的的各种符合交往要求的行为准则和规范的总和。总而言之，礼仪就是人们在社会交往活动中应共同遵守的行为规范和准则。

礼仪即礼节与仪式，礼是尊重，仪是表达。礼仪的“礼”字指的是尊重，即在人际交往中既要尊重自己，也要尊

重别人；礼仪的“仪”就是尊重自己和尊重别人的表现形式。没有形式就没有内容，礼和仪互为因果。也就是说，在人际交往中我们不仅要有礼，而且要有仪，我们既要坚持尊重为本，又要讲究表达方式。

二、礼仪的含义

礼仪就是以最恰当的方式来表达对他人的尊重。

三、礼仪的基本原则

尊重原则、真诚友善原则、理解宽容原则、言行适度原则、严守约定原则。

四、礼仪的分类

按应用范围来分，礼仪一般分为政务礼仪、商务礼仪、服务礼仪、社交礼仪、涉外礼仪等五大类。

通常礼仪还可进行如下分类：

第一类：日常生活礼仪　包括见面礼仪、介绍礼仪、交谈礼仪、宴会礼仪、会客礼仪、舞会礼仪、馈赠礼仪及探病礼仪。

第二类：节俗节庆礼仪　包括春节礼仪、清明礼仪、端午礼仪、重阳礼仪、中秋礼仪、结婚礼仪、殡葬礼仪和祝寿礼仪。

第三类：商务礼仪　包括会议礼仪、谈判礼仪、迎送礼仪及谈判禁忌知识等。

其他：还有公关礼仪、公务礼仪、家居礼仪和求职礼仪等。

五、礼仪的作用

礼仪是人们在日常生活和社会交往中约定俗成的，它对规范人们的社会行为、协调人际关系、促进人类社会发展具有积极的作用。

礼仪是社会交往的一门艺术，是人们相互沟通的一种技巧。讲礼仪，既可以内强素质，又可以外塑形象，更可以增进交往。

礼仪可以帮助人们社会交往。人们可以根据各式各样的礼仪规范，正确把握与人交往的尺度，适当地处理好人与人的关系。如果没有这些礼仪规范，往往会使人们在交往中感到手足无措，甚至失礼于人，闹出笑话。所以，熟悉和掌握礼仪，就可以做到触类旁通，让你在社会交往、待人接物时做到恰到好处。

礼仪是塑造形象的重要手段。在社会活动中，交谈讲究礼仪，可以变得文明；举止讲究礼仪，可以变得高雅；穿着讲究礼仪，可以变得大方；行为讲究礼仪，可以变得美好……只要讲究礼仪，事情都会做得恰到好处。总之，一个人讲究礼仪，就可以变得充满魅力。

六、不容忽视的礼节

礼仪即礼节与仪式，礼节是礼仪的核心内容，有无礼节是人与禽兽的差别所在，也是人类社会祥和的基础。如果人类不懂礼者增多，社会秩序就会混乱，各种摩擦、冲突就会频繁发生，人们相处就会缺少安全感；一个人如果不懂礼节，在社会上将到处碰壁、寸步难行，“岂有此理”、“缺乏常识”、“粗俗不堪”、“真讨厌”等词汇就都是他真实的

标签。

人与人交流感情，事与事维持秩序，国与国保持常态，皆是礼节从中周旋的力量。

礼节是不妨碍他人的美德，是恭敬人的善行，也是自己行万事的通行证。

七、现代礼仪是古代礼仪的科学发展

中国是历史悠久的文明古国，几千年来创造了灿烂的文化，形成了高尚的道德准则、完整的礼仪规范，被世人称为“文明古国，礼仪之邦”。《礼记》是中国古代礼仪的集大成者，整个东亚及东南亚文化的精华均是传自华夏文明。中国具有五千年文明史，素有“礼仪之邦”之称，中国人也以彬彬有礼的风貌而著称于世。礼仪文明作为中国传统文化的一个重要组成部分，对中国社会历史发展起了广泛深远的影响。礼仪所涉及的范围十分广泛，几乎渗透到了古代社会的各个方面。中国古代的“礼”和“仪”，实际是两个不同的概念——“礼”是制度、规则和一种社会意识观念；“仪”是“礼”的具体表现形式，它是依据“礼”的规定和内容而形成的一套系统而完整的程序。在中国古代，礼仪是为了适应当时社会需要，从宗族制度、贵贱等级关系中衍生出来的，因而带有产生它的那个时代的特点及局限性。时至今日，现代的礼仪与古代的礼仪已有很大差别，我们舍弃了那些为剥削阶级服务的礼仪规范，着重选取对今天仍有积极、普遍意义的传统文明礼仪，如尊老敬贤、仪尚适宜、礼貌待人、容仪有整等，并且加以传承与改造。这对于培养良好的个人素质，建立和谐的人际关系，塑造文明的社会风气，进行社会主义精神文明建设都具有重要的价值。

第二篇　中小学生礼仪常规

一、参加升旗仪式应衣着整洁，脱帽肃立，行队礼或注目礼，唱国歌要严肃、准确、声音洪亮。

二、着装得体，坐正立直，行走稳健，谈吐举止文明。

三、使用礼貌用语：请、您、您好、谢谢、对不起、没关系、再见。

四、使用体态语言：微笑、鞠躬、握手、招手、鼓掌、右行礼让、起立回答问题。

五、进校第一次见到老师要鞠躬问好；上下课要起立向老师行注目礼；课上要发言先举手；课余时间进老师办公室要喊报告或轻敲门，经允许后再进入；离校时要与老师、同学道别。

六、在家中吃饭请长辈先就座，离家或回家要与家长打招呼。

七、对待家人或外宾要热情、大方，主动问候，微笑致意，起立欢迎，挥手送别。

八、对待老、幼、病、残和军人应行走让路、乘车让座、购物让先，尊重和帮助残疾人。

九、递送或接受物品时起立并用双手。

十、参加集会应守时肃静，大会发言先向老师和听众致礼，发言结束后要道谢，观看演出或比赛要适时适度地鼓掌致意。

第三篇 中小学生个人礼仪

一、坐的礼仪

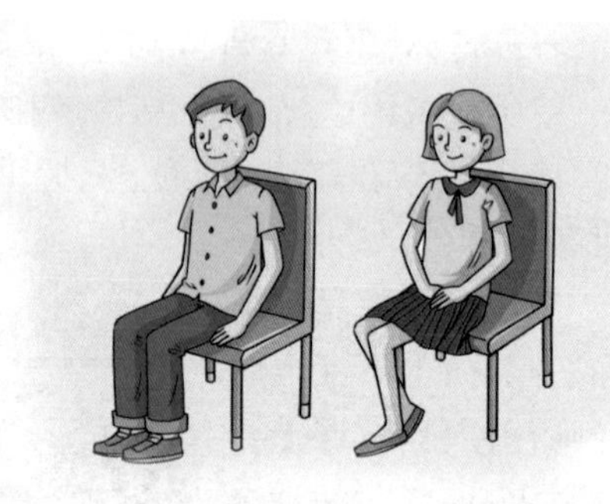

1.入座时动作应轻而缓，轻松自然，不可随意拖拉椅凳。就座时一般要从座椅的左侧入座，背部要与椅背平行，沉着安静地坐下。

2.在坐时，要保持上身端正，双手自然下垂，肩部放松，五指并拢。男生可以微分双腿（一般不超过肩宽），双手自然放在膝盖上或椅子扶手上。女生一般应并膝或双腿交叉端坐，双手放于膝盖上。

3.离座时，应请身份高者先离开。离开座位时动作要轻而缓，不可猛起猛出，发出声响。通常“左入左出”，从座位左侧离开，站好再走，保持轻盈、稳重的体态。

4.上课时身坐正，手放在桌面上，看书写字做到“三个一”。

5.与人交谈要神情专注、自然大方，不跷二郎腿。

6.在公共场合，入座应讲究谦让，不争抢，要尊老爱幼，照顾病残弱者。身坐正、不斜靠、不影响他人。

7.就餐入座要讲秩序，让长辈先入座。

8.长辈或客人来访要起身示坐。

二、立的礼仪

1.站立应挺直、舒展、收腹、眼睛平视前方、嘴微闭、手臂自然下垂。正式场合不应将手插在裤袋里或交叉在胸前，更不要有下意识的小动作。

2.男生通常可采取双手相握、叠放于腹前的前腹式站姿，或双手背于身后，两手相握的后背式站姿，双脚可稍许叉开，与肩部同宽为限。女生的主要站姿为前腹式，但双腿要基本并拢，腿位应与服装相适应，如果穿紧身短裙时，脚跟靠近，脚掌分开呈“V”字形；如果穿礼服或旗袍时，可双脚微分。

3.升国旗要敬礼，唱国歌要肃立。

4.课堂师生施礼要立正并两眼正视教师。

5.上课发言或朗读课文要头正身直，自然大方。

6.集合集会做到快、静、齐。

7.有来宾询问情况应主动起立。

8.当别人与你握手应立即伸手相迎，热情迎送。

三、行的礼仪

1.行走时要抬头挺胸，上体正直，目视前方，肩臂放松并自然摆动，脚步轻稳，步速适中，忌摇摇晃晃或者扭捏碎步。

2.行路或上下楼、过楼道要靠右而行，出入教室、办公室、会场等要按指定线路走，不拥挤，轻声慢步，不影响他人。

3.遇到熟人要打招呼并互致问候，不能视而不见；需要交谈应靠路边或到角落谈话，注意安全，不能妨碍交通。

4.行人应互相礼让，尽量给长者和老弱病残者让路，让儿童、孕妇或负重者先行。

5.向别人问路要先用礼貌语言打招呼，如“对不起，打扰您一下”、“请问”等，并恰当尊称对方，如“老爷爷”、“阿姨”、“叔叔”等，然后再问路。听完回答之后，一定要说：“谢谢您！”

6.如果陌生人问路则应认真、仔细回答，如自己不清楚应说：“很抱歉，我不知道，请再问问别人。”

7.若两人并行，往往男同学（或大同学）走外侧；如遇交通拥挤，往往男同学（或大同学）走人行道靠马路的一侧。

8.若三人并行，让师长或女生或年幼者走在中间。

四、说的礼仪

1.谈话时态度诚恳、自然、大方，言语要和气亲切，表达得体。

2.要注意听取对方谈话，目光适时注视对方。

3.对长辈、师长说话，要表示尊重；对同学或其他小朋友，则要注意平等待人和平易近人。

4.谈话时不可用手指指人，可做手势但不可幅度过大。

5.同时与几个人谈话，不要把注意力集中在一两个人身上，要照顾到在场的每一个人，不要冷落了任何一个人。

6.当碰到意见不一致时，应保持冷静，或以豁达的胸怀包容异己，或回避话题，忌在公众场合为非原则性问题大声喧哗，争执打闹，影响他人学习或休息。

7.不吵架、不骂人，不强词夺理，不揭人短处，不谈人隐私，不背后议论人，不拨弄是非，不搞小广播以充"消息灵通人士"。

8.遇到攻击、侮辱性言辞，一定要表态，但要掌握适度。

9.迟到或进办公室要喊"报告"，经批准后方可入室。

10.入他人居室应先轻轻敲门，征得室内人同意后方可入室。

11.找别人问话用"请问"，答后要致谢，若对方答不上来要表示谅解和谢意。

12.不直呼师长姓名，要用准确的称谓。

13.得罪别人时要说"对不起"、"请原谅"；别人向你道歉时，应说"没关系"；得到帮助时要说"谢谢"；别人向你致谢要说"不用谢"。

14.遇到来宾或师长要主动问好，要用"您早"、"您好"、"再见"等礼貌用语。

15.与同学别后初见应互相问好，分别时要互说"再见"。

16.就餐时若自己先吃好要对同桌的人说"大家慢吃"、"你慢吃"等，并在座位

作陪。

17.不给他人取绰号。

18.平时尽量少讲方言，在校内必须讲普通话。

五、穿戴礼仪

1.按要求穿校服，不穿奇装异服。

2.着装整齐，朴素大方，不把上衣捆在腰间，不披衣散扣，少先队员要戴红领巾，中学生要戴校徽或胸卡。

3.不穿背心、拖鞋、裤衩在校园行走或进入教室。

4.课堂上不准敞衣、脱鞋。

5.不穿中、高跟鞋，不穿厚底时装鞋，以球鞋或平底鞋为宜。

6.不佩戴项链、耳环(钉)、戒指、手链、手镯等饰物。

7.不涂脂抹粉，不画眉、不纹眉，不纹身，不留长指甲，不涂指甲油。

8.不染发、不烫发、不留长发，按要求修剪头发。

六、称谓礼仪

1.对父母长辈不能直呼姓名，更不能以不礼貌言词代称，要用准确的称呼，如爸爸、妈妈、李师傅、赵老师等。

2.对友人或初识者称“您”，对师长、社会工作人员要称呼职务或“老师”、“师傅”、“同志”、“叔叔”、“阿姨”等，不直呼其姓名。

3.不给他人取绰号,或者称呼绰号。

七、问候礼仪

向父母、长辈问候致意要按时间、场合、节庆不同采用不同的问候。

1.早起后问候爸爸、妈妈早上好。

2.睡觉前祝爸爸、妈妈晚安。

3.父母下班回家:爸爸(妈妈)回来啦。

4.过生日:祝长辈生日快乐、身体健康。

5.过新年:祝爸爸、妈妈新年愉快。

6.当爸爸、妈妈外出时说"祝爸爸、妈妈一路平安、办事顺利"。

7.当爸爸、妈妈外出归来时说"爸爸、妈妈回来啦,辛苦了"。

8.自己告别家人时说"您放心吧,我会照顾好自己"。离家时间较长要写信或打电话问候家人。

八、表情礼仪

表情是指眼睛、眉毛、嘴巴、鼻子、面部肌肉以及它们的综合运用反映出的心理活动和情感信息。表情的寓意最为丰富,也最具表现力,它能迅速、准确地表达人们的各种情感。表情是仅次于语言的一种交际手段,在人的千变万化的表情中,它能迅速、准确地表达人们的各种情感。表情礼仪将分别在“目光注视礼仪”、“笑表达的礼仪”、“面容表达的礼仪”等节中分别加以阐述。

九、目光注视礼仪

(一)注视的时间

在交谈时,人们视线接触对方脸部的时间长短占全部交谈时间的30%~60%,过长会被认为对对方本人比对其谈话的内容更感兴趣,过短则会被认为对对方本人及其谈话内容不感兴趣。

(二)注视的原则

1.目光注视对方应该自然、稳重、柔和,不能居高临下,俯视对方,不能紧盯住对方的某一部位或上下打量。

2.注视对方的位置不同,传达的信息也有所不同。

3.如果对方脸上有残疾,如有假眼、豁鼻、兔唇、胎记等,目光注视时应注意适当回避,不能不礼貌地紧盯着对方缺陷部位,这样会让对方感觉不快。

4.当对方缄默不语时,不要看着对方,以免加剧因无话题本来就显得冷漠、不安的尴尬局面。

5.当对方说了错话或显得拘谨时,不要马上转移自己的视线,否则,他会误认为是对他的讽刺和嘲笑。

6.当与两个或者两个以上的人共处时,不应当只看着自己的熟人或与自己谈得来的人,这会冷落他人。

7.当面对有男有女的几位客人时,对异性和

同性要“一视同仁”。

(三)注视的区间

1.公务注视区间　范围一般是：以两眼为底线，以前额上端为顶点形成的三角区间。注视这一区间能够造成严肃认真、居高临下、镇住对方的效果，多用于商务谈判、外事交往和军事指挥等严肃认真的场合。对待陌生人或坏人也往往注视这一区间。

2.社交注视区间　范围一般是：以两眼为上限，以下颌为下点形成的倒三角区间。注视这一区间容易出现平等感觉，让对方感到轻松自然，从而创造良好的氛围。其多用于日常社交场合，如对待同学、邻居和一般朋友等。

3.亲密注视区间　位置是对方的眼睛或双唇到胸之间。注视这些部位会缓和气氛，激发感情，表达爱意，是具有亲密关系的人在对话时采取的注视区间。如对待老师、父母、恋人等。

(四)注视的方式

在社交场合中，注视别人可以有多种方式的选择。其中，最常见的有：

1.直视，即直接注视对方，表示认真、尊重，适用于各种情况。若直视他人双眼，称为对视。对视表明自己大方、坦诚，或者是关注对方。

2.凝视，是直视的一种特殊情况，即全神贯注地进行注视，多用于表示专注、恭敬。

3.盯视，即目不转睛，长时间地凝视他人某一

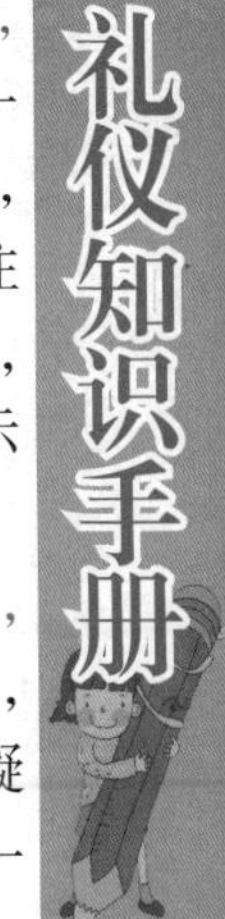

部位，表示出神或挑衅。不宜多用。

4.虚视，是相对于凝视而言的一种直视，指的是目光游离，眼神不集中。多表示胆怯、疑虑、走神、疲乏，或是失意、无聊。

5.扫视，即视线游离，注视时上下左右反复打量，表示好奇、吃惊，不可多用，尤其对异性禁用。

6.睨视，即斜着眼球注视，多表示怀疑、轻视，一般忌用，尤其是初次交往。

7.眯视，眯着眼睛注视，表示惊奇、看不清楚。因神态不大好看，所以不宜采用。

8.环视，有节奏地注视不同的人员或事物，表示认真、重视，适用于同时与多人打交道，表示自己“一视同仁”。

9.他视，即与某人交往时不注视对方，反而望着别处，表示胆怯、害羞、心虚、反感，心不在焉，不宜用于社交场合。

10.无视，也叫“闭视”，指在人际交往中闭上双眼不看对方，表示疲惫、反感、生气、无聊或者没有兴趣。

(五)注视的变化

在人际交往中，目光、视线、眼神都是时刻变化的。

1.眼皮的开合：瞪大双眼，表示愤怒、惊愕；睁圆双眼，表示疑惑、不满。眼皮眨动一般每分钟5~8次，过快表示活跃、思索，过慢则表示轻蔑、厌恶。有时，眨眼还可以表示调皮和不解。

2.眼球的转动：眼球反复转动，表示在动心思；悄然挤动，表示向人暗示。

3.视线的交流：在人际交往中，与他人交流视线，常可表示特殊含义。一可表示爱憎，二可表示地位，三可表示补偿，四可表示威吓。具体做法，应因人、因事而异。

十、笑表达的礼仪

五官中，嘴的表现力仅次于眼睛。笑，主要是由嘴部来完成的。笑，是眼、眉、嘴和颜面的动作集合。据专家统计，人的面部表情肌有30多种，可以做出大约25种不同的表情。

（一）笑的种类

笑可以分为微笑、欢笑、大笑、狂笑、苦笑、奸笑、傻笑、狞笑、嘲笑等。

（二）笑的方法

微笑的基本做法是不发声，不露齿，肌肉放松，嘴角两端向上略微提起，面含笑意，亲切自然，使人如沐春风。

笑的共性是面露喜悦之色，声情并茂。在笑的时候，一定要使面部各个部位的动作到位、和谐，否则你的笑容就会显得勉强、做作、失真。

笑反映一个人的文化修养和精神追求。微笑的时候，要做到表里如一，使笑容与自己的举止、谈吐协调一致，气质优雅。微笑既要适时、尽兴，更要讲究精神饱满，真实典雅，表现和谐。

(三)笑的禁忌

在正式场合笑的时候,严禁下述几种笑出现:

1.假笑,即笑得虚伪,皮笑肉不笑。

2.冷笑,即含有怒意、讽刺、不满、无可奈何、不屑一顾、不以为然等容易使人产生敌意的笑。

3.怪笑,即笑得怪里怪气,令人心里发毛,多含有恐吓、嘲讽之意。

4.媚笑,即有意讨好别人的并非发自内心,具有一定的功利性目的的笑。

5.怯笑,即害羞、怯场,不敢与他人交流视线,甚至会面红耳赤的笑。

6.窃笑,即偷偷地洋洋自得或幸灾乐祸的笑。

7.狞笑,即面容凶恶,多表示愤怒、惊恐、吓唬。

(四)微笑的魅力

微笑的力量是相当巨大的。有人把微笑比作全世界通用的货币,因为它被世界上所有的人们接受。但是,微笑又如同纸币一样,也可能是虚伪的。因此我们倡导发自内心情感的微笑。

十一、面容表达的礼仪

面容是指人们面部显示出的综合表情。它对眼神和笑容发挥辅助作用，同时，也可以自成一体，表现自己的独特含义。

（一）眉毛表达的礼仪

1.皱眉型　双眉紧皱，多表示困窘、不赞成、不愉快。

2.耸眉型　眉峰上耸，多表示恐惧、惊讶或欣喜。

3.竖眉型　眉角下拉，多表示气恼、愤怒。

4.挑眉型　单眉上挑，多表示询问。

5.动眉型　眉毛上下快动，一般用来表示愉快、同意或亲切。

（二）嘴巴表达的礼仪

1.张嘴　嘴巴大开，表示惊讶、恐惧。

2.咬嘴　咬紧嘴唇，表示自省或自嘲。

3.抿嘴　含住嘴唇，表示努力或坚持。

4.撅嘴　撅起嘴巴，表示生气或不满。

5.撇嘴　嘴角一撇，表示鄙夷或轻视。

6.努嘴　嘴巴努向某方，表示怂恿或支持。

(三)下巴表达的礼仪

1.收起下巴,表示隐忍。

2.缩紧下巴,表示驯服。

3.耷拉下巴,表示困乏。

4.突出下巴,表示攻击。

5.前伸下巴,表示自大。

(四)鼻子表达的礼仪

1.挺鼻,表示倔强或自大。

2.缩鼻,表示拒绝或厌弃。

3.皱鼻,表示好奇或吃惊。

4.抬鼻,表示轻视或歧视。

5.摸鼻,表示亲切或重视。

(五)耳朵表达的礼仪

1.侧耳,表示关注。

2.耸耳,表示吃惊。

3.捂耳,表示拒绝。

4.摸耳,表示亲密。

十二、体态语言礼仪

体态语言有微笑、鞠躬、握手、招手、鼓掌、右行礼让、回答问题起立等。

1.微笑是对他人表示友好的表情,不露牙齿,嘴角微微上翘。

2.鞠躬是下级对上级、晚辈对长辈、个人对群众的礼节。行鞠躬礼时应脱帽、立正、

双目注视对方，面带微笑，然后身体上部向前倾斜，自然弯下15~30度低头向下看，有时为深表谢意上体前倾可再深些。

3.握手是与人见面或离别时最常用的礼节，也是向人表示感谢、慰问、祝贺或鼓励的礼节。

（1）握手前应起身站立，摘下手套，用右手与对方右手相握。

（2）握手时双目注视对方并面带微笑。

（3）一般情况下握手不必用力，握一下即可，老友可握得深久些或边问候边紧握双手。

（4）多人同时握手不要交叉，待别人握手后伸手依次相握。

4.招手是公共场合远距离遇到相识的人或送别离去的客人时打招呼的方式。同时多伴有点头致意。招手时手臂微屈，手掌伸开摆动。

5.鼓掌是表示喜悦、欢迎、感激的礼节。鼓掌时双手掌应有节奏地相击。鼓掌要适时适度。

6.右行礼让是在上下楼梯、楼道或街道上行走时靠右侧行进，遇到师长、客人、老、幼、病、残、孕、军人进出房门时主动开门侧立，让他们先行。

十三、养成良好的语言习惯

语言很能反映一个人的素质、个性、学识水平，甚至人格修养，同时也是同学之间、朋友之间表达心声、反映愿望、交流情感的主要形式。但是，有部分同学在语言修养方面存在着很大问题，有些是受环境影响，有些是性格所限，有些是个人毛病，也有些是故意撒野，当然这些都是不文明、不礼貌的。

（一）不良语言习惯表现

1.脏话连篇，甚至不堪入耳，特别是少数男同学喜欢讲脏话。

2.讲话喜欢带口头禅，甚至句句话都有，让人听了很不舒服。

3.喜欢骂人，不考虑后果，骂起人来一套套的，犹如骂街。

4.口出狂言，大话连篇，常因语言问题发生口角，甚至斗殴。

5.不注意语言严肃性。有时随便乱说，引起误会；也有时故意传话，引起矛盾。

（二）养成良好的语言习惯

1.语言要谦逊　与人说话要互相谦让一点，态度要和蔼可亲，不说大话、空话，更不能胡编乱造。说话时用情感打动人，而不是用大话压人，同时注意礼貌。同样一句话，有的人说起来很好听，但有的人说起来很刺耳，主要原因是说话不注意礼貌。同学们讲话时一定要礼貌在先。

2.语速要适中　平时说话时应注意语速，说话太快，会让人听不清或听不懂，还会产生误解，认为你不稳当。

3.语言要净化　不能说脏话，更不能骂人，骂人是最没有修养的一种表现。作为学生，骂人也是严重违反学校校纪校规的。

第四篇　中小学生校园礼仪

一、上下学礼仪

1.早上出门时一定要佩戴有关标志，着装整洁，背正书包，精神抖擞地走进学校，见到老师和同学都要热情问好。

2.走路时要靠右行走，行走时要步履适中，不与同学勾肩搭背。过马路时要仔细观察，等绿灯亮后再行前进。骑自行车的同学要注意不能骑车带人。

3.放学时要迅速站好路队，整齐、安静地走出校门，走路时不东张西望，走到校门口要热情地和送队老师说“再见”。

4.乘公共汽车，要排队上车，主动出示月票或购票，遇到孕妇、带小孩者及老年人应主动让座，不在车内喧哗、打闹。

5.行走在路上，不能边走边吃食物，这样既不雅观也不安全。路边摊上的自制肉串、糖葫芦等零食不能去购买。

6.不在路上逗留，不进电子游戏室及其他不利于青少年身心健康的娱乐性场所；顺路访友、拜友，应征得家长同意。

二、进校礼仪

（一）穿着整齐统一的校服

校园不同于一般的机关、企业，更不是娱乐场所，它担负着培养一代新人、铸造学生心灵的神圣使命，所以是一个特别需要讲求庄重、严肃、文明和整洁的场所。只有穿着统一、干净的校服才能使学校显示出整齐和谐的校风、校貌，使我们焕发出勃勃的生机。端正的衣冠、标准的仪表还能展示学生良好的精神面貌，培养出集体观念和遵守纪律的作风。

(二)坚持天天佩戴校徽(胸卡)

校徽是一个学校的标志。坚持佩戴校徽(胸卡)对于提高我们的集体荣誉感和责任感、养成遵纪守法的良好习惯是极有益的，我们要坚持天天佩戴校徽进出校门。当我们胸前戴着校徽(胸卡)的时候，我们的荣耻与学校是息息相关的。

此外，进出校门佩戴校徽(胸卡)也便于学校搞好保卫工作，使门卫对进出人员的身份一目了然，防止外人随便进入学校影响教学，这样更有利于维持学校的正常秩序。

(三)接受门卫(值勤同学)的指点

为了加强学校的保卫工作，防止外人或坏人进入学校干扰和破坏学校内正常的教学秩序，同时也为了方便检查学生的仪容和维护学校良好的校风、校纪，通常学校都设有门卫或者由各班同学轮流值勤。进校时请记住：

1. 进入校门要衣冠端正(夏天不能穿背心、拖鞋进校)，骑自行车的同学要主动下车并推车入校。

2.进入校门前应主动自我检查是否穿校服或戴好校徽、胸卡等。

3.因特殊原因未能佩戴校徽(胸卡)时应主动向门卫或值勤同学说明情况并要求谅解,经批准后再进校。

4.如果自己的举止不符合校规受到门卫或值勤同学的批评指正时,应诚恳接受,切不可有粗暴的言行和其他不良表现。

三、进入教学区礼仪

1.进入校园,我们应缓步慢行、轻声细语,不大声喧哗,不追逐打闹。上下楼梯靠右走,懂得礼让他人,不抢道。

2.在校园内碰到同学,我们应微笑地互相问候;碰到老师,应行队礼,喊一声:“老师,您好!”

3.老师进教室,宣布“上课”,应起身立正,齐声问好;下课铃响后,等老师宣布“下课”,应道别致谢,请老师先行,并向老师行注目礼。

4.上课预备铃响后,大家应迅速回位,做好课前准备,书籍和文具应摆放在桌面指定的位置,保持安静,等候老师进教室。

5.上课时,应专心听讲,勤于思考,发言先举手,积极回答老师的提问,回答问题时要站直。

6.如果上课迟到,我们应先喊“报告”,征得老师同意方能进教室。

7.课间休息时,大家应注意文明,不追逐打闹;课余,进行文明健康的文体活动。

8.值日期间，应积极主动，不怕脏不怕累，把教室打扫干净。离开教室时，应检查门窗是否关好，饮水机电源是否关闭，不开无人灯。

9.碰到困难，需要帮助时，我们应谦虚而诚恳地请求他人的帮助；同学间互借物品时，应先征得他人同意，用完后应及时归还，并致谢意。

四、进入办公室礼仪

1.办公室是老师静心工作的地方，我们随便出入是不礼貌的行为。若确实有事需进入老师办公室，必须先轻轻敲门喊“报告”，待老师允许后，用标准规范的行姿进入办公室。

2.进入办公室，应该放慢脚步，轻轻走到老师面前。在办公室内遇到其他老师，应主动问好。在办公室内，说话要尽量小声，要注意不要发出太大声响，要尽量不影响其他老师的正常工作。

3.和老师交谈时，敬语在前，语调轻柔。交谈过程中站姿或坐姿应得体端正，双目凝视老师的眼鼻三角区，认真和老师交谈。向老师汇报学习情况，或回答师长的问题时，态度要诚恳，语气要平和。

4.在办公室内，要尊重老师，不能随便翻动老师的物品。如果要找的老师不在，但确实有急事，可给老师写个留言。如果是与老师事先约好，则要按时到达约定地点。

5.当谈话完毕，准备离开办公室时，应主动对老师说“再见”，然后再轻轻关门离开。

五、上课礼仪

（一）做好上课准备

作为学生应该在预备铃响之前就进入教室，及时准备好课本、练习本、文具等，安静端坐，恭候老师的到来。充分做好上课准备，既为自己上好每一节课打下基础，也是尊敬学业的表现，同时还是尊重师长、尊重别人、尊重整个集体的表现。

（二）遵守课堂纪律

遵守课堂纪律既是尊重老师的表现，也是珍惜学业与集体的行为。上课时要遵守课堂纪律，认真听讲，做好笔记，积极发言，不私下说话，不随便走动，不能思想开小差、做小动作，甚至调皮捣蛋，扰乱课堂秩序等。

（三）认真回答老师问题

在课堂上，老师提问是必不可少的教学环节，每个同学都会有被老师提问的经历。该怎样正确、礼貌地对待老师的提问呢？请记住：

1.回答问题时应先举半臂右手，经老师允许后再起立发言，老师未点到自己的名时不要抢先答话。

2.起立回答时姿

势、表情要大方，不要故意做出滑稽的引人发笑的举止；说话声音要清脆，不要低声，以免老师、同学听不清楚；发言后，要经老师允许方可坐下。

3.当老师提出的问题恰好是自己回答不出而又被点到名时，切不可有抵触情绪和行为，应该勇敢地站起来以抱歉的语调向老师解释说："老师，这个问题我不会答，请原谅。"

4.在其他同学回答老师提问时不要随便插话，如别人回答错了或者回答不出而老师继续面对大家提问时才可以举手，要在得到老师允许后站起来回答问题。

（四）正确对待老师提醒与批评

假如你在课堂上不专心听课或扰乱了课堂秩序，这时，老师及时提醒与批评你是完全正当的。若老师对这些不良现象不闻不问、放任自流，那就一定是一个不负责任、不称职的老师。因此，当老师在课堂上向不守纪律的同学进行点名批评时，被批评的同学不应愤愤不平，认为是老师故意让自己出丑，甚至顶撞老师，态度蛮横，而应该警醒过来，意识到自己扰乱了课堂秩序，并感谢老师与同学的提醒，尽力改正自己的缺点和坏习惯，做一个讲文明、守纪律、爱护班集体的优秀学生。

（五）婉转指出老师的错误

古人说："人非圣贤，孰能无过？"老师是普通人，平时出现一点错误也是在所难免的，犯不着大惊小怪。我们对老师的错误也应该勇于指出，但应该选择适当时间、地点和场合，从善意出发，以诚恳的语气、谦和的态度来表达。如采取让老师难堪、尴尬甚至出"洋相"的行为和态度是绝对错误的。

(六)迟到了怎么办

假如确实遇到特殊情况不得已迟到了，要注意举止文明和礼仪周到：

1.迟到者应站在门口喊“报告”，如果门关着，应先轻轻敲门，经老师允许后才能进入教室。

2.要向老师说明迟到的原因，说话态度要诚实，假如课堂上不便说也可下课后主动跟老师说清楚，应在得到老师的谅解和批准后方可回到座位。

3.回座位时速度要快，脚步要轻，动作幅度要小，尽量把对课堂秩序造成的影响减少到最低限度。

4.坐下后应立即集中注意力，静听老师讲课。

六、课外活动礼仪

1.体育运动是我们学习和生活的加油站，积极参加各种运动，能增强我们的抵抗力，促进身体的生长发育，缓解学习上带来的紧张感，提高自信，保持健美。

2.日常生活的运动机会有很多，如，多利用楼梯，少乘电梯；多争取机会走路，少乘汽车；看电

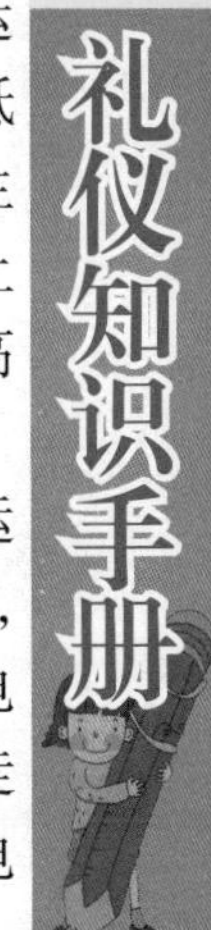

视时，可在广告时间做一些伸展运动，如弯腰、踢腿等；与同学或朋友做定期运动，如慢跑、打羽毛球、游泳等，并培养自己对运动的兴趣，养成有规律的运动习惯。

3.观看比赛时，按时有序地进入比赛场馆，不随便进入场内。比赛开始后，保持安静，随便走动、吃东西、聊天、喧哗都会影响他人观看。在一方的比赛结束时，可以加油叫好。捡到比赛用球时，也要在一方比赛结束后，才可以扔进场内。正确地看待比赛，对方比赛赢分时，真心为别人的精彩表现鼓掌。

4.自己参加比赛时，沉着冷静地应对。输分时，理智地分析原因，不归咎于对手和裁判，服从裁判的裁决。

5.早操和课间操的时间较短，列队时要快速、安静、整齐；上下楼梯让年级低的同学先走；冬天做操时脱去手套，能锻炼自己的耐寒力。

七、借阅礼仪

1.去图书馆穿着要整洁，不得穿背心和拖鞋入内。进图书馆时，不可争先恐后，要依次排队，循序进入。进入阅览室后，不要为自己的同伴预占座位，也不要去霸占暂时离开的读者的座位。

2.脚步要轻，不要高声谈笑，尽量少说话；避免将凳子弄出声响；保持室内干净，不吃有果壳的食物。有些同学利

用阅览室休息、打瞌睡，这是不好的行为。

3.图书是公共财产，不能为了个人利益而损坏属于大众的图书。阅览时不要往书本上画线，不要折角，更不能撕页。看书时需要哪一段，可以抄下来，也可经允许后拿去复印，但绝不能撕下。读书人应像爱护自己的生命一样珍惜图书，这应该是每个同学共有的素质。另外，在阅览室看书时，应一本一本地取下来看，不可同时占用几份书刊；阅后要迅速将书籍放回原处，以便他人阅读。

4.借书要及时归还。有的同学借了一本"热门书"，自觉不自觉地便会生出将其占为己有的欲望，恋恋不舍，迟迟不还，这是缺乏社会公德的表现。当我们借到一本急需的书时，应该抓紧时间看，心中应有"还有好多人也想看这本书"的观念，多为别人着想，这才是正确的。

八、尊师礼仪

1.每天早晚遇见老师要问好。

2.校外见到老师要止步、下车并向老师行礼、打招呼，分手时要说"老师再见"。

3.每天早晨上第一节课时要说"老师早"，饭后第一节课要问"老师好"，放学前下课时要向老师说“再见”。

4.上下课班长喊起立时应迅速起立并立正站好，待老师还礼或打招呼后方可坐下或离位。

5.如上课迟到要先喊“报告”，经老师许可后才能进入教室。

6.课堂发问要先举手，回答问题要立正站好、口齿清楚，答完后经同意再坐下。

7.下课时先让老师走出教室，不争着向前走或并列走。

8.不随便进办公室，如有事进办公室要先喊“报告”，待老师许可后方可入内。

9.在办公室说话要小声，不停留太久。

10.不私自拿老师的东西，向老师送作业或其它东西要立正站好，双手递送。

11.不对老师品头论足，不给老师起绰号，不背后说老师的坏话。

12.当老师批评时要虚心听取，不诡辩，不顶撞，事后向老师说声“谢谢”。

九、师生之间的礼仪

（一）与老师相遇时要主动表示敬意

尊敬师长是每一个学生必须具备的最起码的礼貌，而这种礼貌不但要在课堂上体现，而且应该表现于日常生活中不同的时间与场合，即使毕业后与过去的老师相遇，当学生

的也应主动和老师打招呼。

(二)与老师交谈的礼仪

在平时与老师交谈时你是否懂得怎样做才符合礼节呢?

1.学生与老师交谈时学生要主动给老师让座,若老师不坐学生就应该和老师一起站立交谈,不能老师站着而学生却坐着。

2.学生与老师交谈时无论是站着还是坐着都应该姿态端正,不可东张西望、抓耳挠腮或抖腿搁脚。学生应面对老师,双目凝视着老师,认真地听老师说话。

3.与老师交谈时不能随便打断老师的讲话,如果对老师说的话感到不明白或有不同看法时,不必隐瞒,而应谦逊、诚恳地向老师请教,直到弄明白为止。

(三)不能给老师取外号或直呼其名

古语说得好:“一日为师,终生为父。”也就是说,老师如同自己的父母一样,是必须无条件尊敬的。请想一想:你的每一点进步有哪一点不渗透着师长的心血呢? 因此,一个懂得礼仪修养的好学生是从不给老师取外号或直呼老师姓名的。

(四)正确理解老师的严格要求

古今中外,许多有成就的伟大人物都离不开“严师”,正是有“严师”从小对学生严格要求、严格训练,才能让他们长大后有所作为。“教不严,师之惰。”老师的严格往往都是充满爱与关怀的深沉表现,因此,请充分理解你的严师吧! 世上有哪位老师不想把自己的学生教好呢? 老师毫无保留地贡献出自己的精力、才能和知识都是为了我们茁壮成长,老师的严格要求有时甚至会过于严厉与苛刻,但我们一定要明白这其实正是对我们充满爱心的表现。负责任的老师谁不期望学生们都能学到真本领,长大后个个都能成才呢?

十、同学相处的礼仪

(一)同学之间要互相尊重

与人相处除了首先要注意自己人格品德之外还要十分重视和尊重别人,一个不懂尊重别人的人不会得到他人的尊重。同学之间朝夕相处,友好的气氛、互爱的精神和和睦的关系不但对学习十分重要,而且对每个人的人格成长和心灵健康也十分重要。同学的交际相处,也是学生社会交际的开始。同学之间一定要学会互相尊重、以礼相待。

1.不给同学起侮辱性的外号。

2.不说使别人感到伤心羞愧的话。把自己的快乐建立在他人的痛苦上,随意伤害别人自尊心的行为是极不礼貌、不道德的。

3.尊重同学还表现在说话态度上。对同学说话态度要诚恳、谦虚,语调要平和,不可装腔作势,更不可使用指挥或命令的口气;与同学交谈时态度要认真,不要左顾右盼,心不在焉,或表现出倦怠、连连打呵欠或焦急地看钟表;不要轻易打断别人的谈话;要插话或提问时一定要事先有所示意(打招呼);发现同学说话欠妥或说错了应在不伤害他的自尊心的情况下恳切、委婉地将错处指出来,而不要得理不让人。

(二)同学之间要互助互爱

你希望别人怎样对待你,你就应该怎样对待别人。在生活、学习中有哪个同学不需要别人的帮助呢?一个能够帮助、爱护和关心别人的人同样也会得到别人的帮助、爱护和关心。

请记住一句名言:“把别人对自己的帮助永远记在心头,将自己对别人的帮助从记忆中抹去,只有这样才能乐于奉献、乐于生活。”

(三)有礼貌地请教问题

1.选择适当时间。不可一有问题就随随便便打扰或影响同学的学习。

2.使用礼貌语言。要在对方同意或允许后再把问题说出。

3.懂得为同学解围。假如被请教者一时回答不上,应尽快为同学解除尴尬。

4.不忘道谢。你得到的答案无论满意与否,都应有礼貌地说声“谢谢”。

(四)同学间的借物礼仪

当你向别人借东西时别忘了以下细节:

1.礼貌语言不可少。借前说“请”、“麻烦”,归还说“谢谢”。

2.要先征得别人同意。不能自作主张,用了再讲,更不能未经主人同意就去乱翻别人的书包或文具盒。

3.借别人东西一定要按时归还。否则,下次没有人再愿意把东西借给你。

4.对别人的东西要特别爱惜,做到完璧归赵。爱护借来的东西,如损坏要主动赔偿。

（五）不受同学喜欢的几种表现

下列行为都是缺乏修养，不受同学喜欢的行为：

1.仗强欺弱。凭身高力大或其他条件优越欺负同学、称王称霸。

2.好出风头。怪腔怪调、怪动作不断，洋相百出，爱炫耀，爱出风头。

3.说三道四。不是当面说，而是背后经常论人长短，品头论足。

4.喜欢争辩。凡事都争论不休，不把别人驳得哑口无言不罢休。

5.喋喋不休。到哪儿都说个不停，既不看场合，也不管别人的感受。

6.随便允诺。只管允诺，从不兑现，经常说话不算数。

7.虚伪做作。当面一套，背后一套，表面说得好听，但虚情假意。

8.耍小聪明。说话不诚，待人不真，说话做事喜欢弯弯绕。

9.吝啬小气。拿别人的东西随便用，不吝惜，自己的东西却舍不得给人用。

10.刨根问底。喜欢打听闲事，即使对方不情愿，仍然追问不休。

11.得寸进尺。得理不饶人，不留台阶，不给人面子。

12.唯我独尊。自以为是，盛气凌人，喜欢指手画脚，不顾他人感受，把自己的观点强加于人。

（六）怎样才能团结同学

1.平时遇到同学，要主动打招呼，对同学要热情有礼貌，保持微笑，不管自己处在什么位置都不要居高临下，不用命令的口气和同学说话。

2.当别人遇到困难或发生不幸时，不要幸灾乐祸或挖苦讽刺，应带着善良的同情心尽力帮助他们。

3.和对方谈话时对同学的优点不妨坦白说出，但不能阿谀奉承，更不能人前一套，背后一套。不要当众挖苦别人的短处，应多肯定别人的优点和进步。

4.不在同学面前论长道短、搬弄是非。尤其是女孩子，不要当长舌婆，也不要整天只顾打扮，嗲声嗲气或模仿成年女子的姿态。

5.课余时间主动和同学交谈，同游戏、同欢笑，增进了解，保持感情的融洽。学习成绩好的同学不要自傲，班干部应特别注意做到平易近人。

6.遇事要拿得起、放得下，不斤斤计较。对同学的过失或冒犯要宽宏大量，碰到不愉快的事时多为别人着想，不要大事小事都找老师打“小报告”。

7.在行动上多帮助别人，不要摆出“事不关己，高高挂起”的模样，尽量为同学多提供方便。

8.要讲究信用，一诺千金。答应别人的事要尽力办到，做不到时要表示歉意并求得同学谅解。

9.不要自吹自擂，夸耀自己家里有钱、有势、穿得漂亮等。

十一、升旗礼仪

(一)升旗礼仪

1.立正站立。

2.行注目礼，少先队员行队礼。

3.认真听国旗下讲话。

4.唱国歌时要严肃，声音要洪亮。

(二)升旗的基本仪式

1.出旗(旗手持旗，护旗在旗手两侧，齐步走向旗杆，在场的全体师生端正站立)。

2.升旗(奏国歌，全体师生行注目礼，少先队员行队礼)。

3.唱国歌(由主持人宣布开始与结束)。

4.国旗下讲话(由校长、老师或先进人物等作简短而有教育意义的讲话)。

(三)降旗的基本仪式

一般在每日傍晚离校前进行，由旗手和护旗按《中华人民共和国国旗法》第十六条的规定降旗，仪式不限，学校可自行安排。在降旗时，所有经过现场的师生员工都应面对国旗自觉肃立，待降旗完毕时方可自由行动。

十二、集会礼仪

1.集合时提前到达，准时进入会场，列队快、静、齐，并在指定位置坐好。

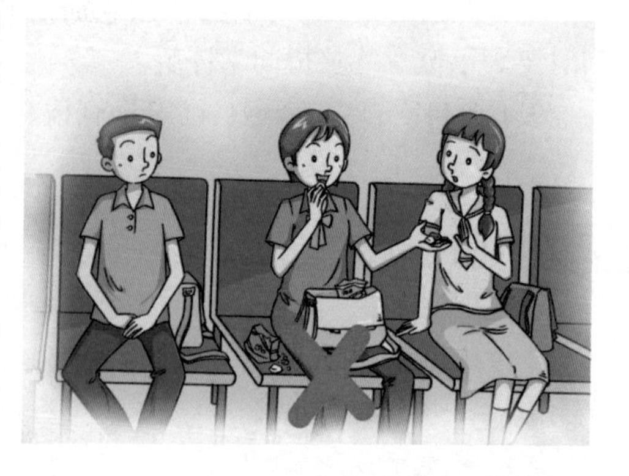

2.听报告应聚精会神，保持肃静，不乱议论，不乱走动。

3.不在会场吃零食，不乱扔果皮纸屑。

4.报告或演出结束要鼓掌致谢，精彩之处要适度鼓掌，不喝倒彩，不吹口哨，不大声喧哗。

5.学生上台发言要向主席台领导和场内同学鞠躬行礼，少先队员行队礼，发言结束后要道谢。

6.会议、演出进行中不擅自离场，演出结束后等演员上台谢幕后再有秩序地退场。

十三、赛场礼仪

1.文明观看　有秩序地进场和退场，比赛精彩处要热烈鼓掌，不喝倒彩，不向赛场内投掷物品，离场时主动清理自己使用过的物品，不乱扔垃圾。

2.文明参赛　遵守比赛规则，不弄虚作假骗取荣誉。尊重竞争对手，不故意伤害对方，对对方的冒犯要克制，如果认为裁判有问题，要按照程序向有关人员提出。

3.文明裁判　要公平、公正。

十四、就餐礼仪

1.在老师指导下有秩序地进入餐厅，如是自买餐应主动排队，不能随便插队。

2.坐到指定的座位上应两脚自然并拢，双腿自然平放，坐姿自然，背直立。

3.听到开餐信号后才可开始用餐，要安静、文明用餐。

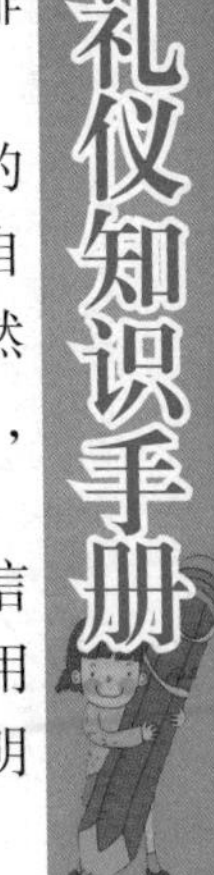

4.饭、菜、汤要吃净，不偏食，不挑食，不浪费。

5.碗、碟要摆放整齐。

6.进餐完毕要将餐具清洗、摆放好。

7.听到集合信号后有秩序地离开。

十五、少先队员礼仪

(一)保持少先队员的优良作风

少先队员应具有的优良作风是：诚实、勇敢、活泼、团结。

(二)正确认识少先队的标志

标志有队旗、红领巾、队礼、呼号四种。

1.队旗：队旗是少先队组织的标志。

2.红领巾：红领巾是少先队员的标志。

3.队礼：少先队员的敬礼动作是右手五指并紧，高举过头顶，它的含义在于表示人民的利益高于一切。

4.呼号：少先队的呼号是体现党对少先队的要求，也充分表达了我们的理想和决心。前一句"呼"讲的是理想和目标，后一句"答"讲的是决心和行动。

(三)少先队活动的一般程序

1.全体立正；2.出旗(鼓号齐奏，全体队员敬礼)；3.唱队歌；4.队长讲话，宣布活动开始；5.进行活动；6.辅导员讲话；7.呼号；8.退旗(鼓号齐奏，全体队员敬礼)。

(四)少先队员入队仪式

1.全体立正；2.出旗(鼓号齐奏，全体队员敬礼)；3.唱队歌；4.宣布新队员名单；5.授予队员标志(授予者给新队员打上领结，再互相敬礼)；6.宣誓(由主持人领读，读誓词时举右手)；7.共青团组织代表或辅导员讲话;8.呼号；9.退旗；10.仪式结束。

第五篇　中小学生家庭礼仪

一、家庭礼仪规范

1.讲卫生,守秩序,养成生活卫生的良好习惯。
2.懂礼貌,敬父母,养成敬老爱幼的优良品质。
3.爱动脑,肯学习,按时完成老师布置的作业。
4.讲勤奋,不懒惰,力所能及地帮助父母分担家务。
5.辨美丑,明是非,远离坏人坏事,做正直善良的孩子。
6.讲团结,会谦让,关心、帮助兄弟姐妹和亲友家小孩。
7.讲礼仪,重友谊,礼貌对待邻居,保持邻里关系和谐。
8.有爱心,讲奉献,关心帮助他人,助人为乐。

二、早上起身礼仪

1.养成按时起床的习惯。一般在早上6点30分左右为宜,听到父母呼唤或听到闹钟铃响就应迅速起床。在寒冷的冬季不要留恋温暖的被窝,坚持按时锻炼自己的毅力,养成良好的起床习惯。

2.穿衣动作要迅速、有条理。一般是先穿上衣,再穿裤子,然后穿袜子、鞋。起床后,要自觉主动地叠好被褥,及时整理好房间。

3.自觉刷牙、洗脸、梳头。刷牙时要上下刷,注意方法要正确。漱口时不要故意发出声响。洗脸时要注意把脖子和耳朵背后也洗一洗，洗完脸后把毛巾洗净拧干，晾在通风处。

4.每天早起后要向父母尊长说“早上好！”如果父母尊长还没起床，要轻手轻脚，切勿打扰他们。

5.起床后锻炼身体、朗读、背诵课文或听广播看电视新闻音量适中，以免影响家人或左邻右舍的休息。

三、家庭卫生礼仪

1.饭前、便后应洗手，整个洗手时间不少于30秒，洗手后要用干净的个人专用毛巾或一次性消毒纸巾擦干双手，并勤换毛巾。

2.不要当着别人的面擤鼻涕、挖耳孔或有其他不文明的行为，平时勤剪指甲。能够做到三天洗头一次，一周至少洗澡一次。勤换衣服、鞋袜。

3.保持家里卫生，注意保持地面和墙壁的清洁。吃食品时把骨、刺等物，放到盘中或桌上，不随手丢到地下。零食袋、果皮、纸屑应丢入垃圾桶，不随地吐痰。咳嗽、打喷嚏时，应用手帕捂住口鼻，侧向一旁，避免发出大声。

4.用完洗手间后，要即时放水冲洗。注意保持洗手间的清洁，

纸屑应扔进纸篓，不留脏水和污物。走出洗手间之前，关好水龙头，把自己的衣饰整理好。

5.由室外进入屋内，应先在门口踏擦鞋底再进入。雨、雪天应把雨具放在门外或前厅，不要把雨水、雪水、泥巴等带入室内。

四、家务劳动礼仪

1.要主动承担一些力所能及的家务，养成良好的劳动习惯，主动帮助父母洗菜、洗刷餐具等。听从家长吩咐，主动帮家长做事。

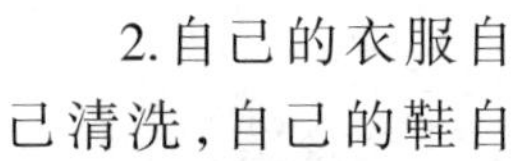

2.自己的衣服自己清洗，自己的鞋自己刷。能打扫自己和父母的房间，学会整理自己的床铺、书桌等。主动学习做事的方法，提高生活技能。

3.在家长的指导下，学做简单的饭菜，学会在日常生活中照顾自己，少让父母操心。

4.主动照料家里的小动物或花草，掌握基本的知识。遇到困难，要向长辈请教，得到帮助，不忘说“谢谢”。

五、家庭上网礼仪

1.认真学习网上知识,不浏览不健康的网站,不阅读不健康的信息。网上与学习有关的资料,应保持自己的理解,学会筛选、甄别有价值的信息。

2.在网上与别人要进行诚实友好的交流,尊重他人,不侮辱欺诈他人。对网上他人的说法或要求要与家长沟通,征求家长的看法。

3.增强自我保护意识。要经过家长同意,才可将家庭地址、电话、学校校名、自己的照片等个人资料在网上与别人交流。

4.上网的时间要有规律、有节奏,能科学安排时间,远离网上游戏,不沉溺于虚拟时空。

5.不制作、传播计算机病毒等破坏性程序。

六、家庭看电视礼仪

1.看电视要有选择。电视节目应经过家长或老师挑选,避免看不健康或有暴力倾向的节目。

2.每天看电视的时间应有限度,每次不超过1个半小时,不能因看电视而侵占了学习时间。

3.为保护视力,电视机应与我们保持一定的距离,一般为3～4米左右。不边看电视边吃饭,会影响消化。不躺在被窝里侧身斜颈看电视，或长时间斜躺在沙发上看电视。

4.看电视时，音量不要过大，以免影响和干扰别人。要注意礼让他人，不与他人争频道。

七、家庭成员间的礼仪

1.对家人也应讲礼貌

我们在外面要做懂礼貌的好孩子，回到家也一样，要讲礼仪。如果一个人一旦置身于熟悉的环境就变得无规无矩、肆无忌惮，对自己的亲人粗暴无礼，自私自利地支配、使唤家人为自己做事，这样的人会有什么出息呢？会真正讨人喜欢吗？会获得大家的尊重吗？事实上，这种人不讨人厌才怪呢！

我们不会永远呆在家里，永远与家人相处，我们一定会到家庭以外的地方，如果我们不从家庭这个小环境中练习正确的待人礼仪，那么，又怎样正确地与家人以外的人打交道呢？尊重长辈父母，这可不是什么假客气，而是我们最起码的礼貌，是正常的感恩，是健康的人性。

2.尊老爱幼不仅仅是一种礼仪

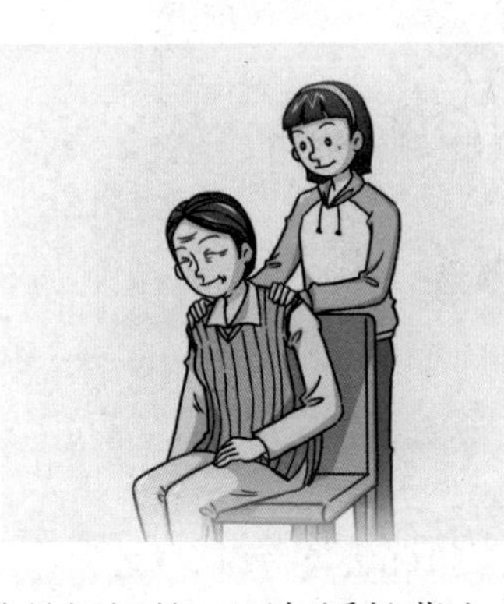

尊老爱幼是中华民族的优良传统，是一种高尚美德，我们每个学生都应该尊老爱幼，不干涉长辈的权益，维护他们的尊严和名誉；同时爱护关心弟、妹及其他小朋友，决不慢待或欺侮他们。

3.殷勤问候长辈

常记得向长辈问候，哪怕是短短的一两句话长辈也会如沐春风，特别是父母，更会愉快地感受到亲情的温暖、家庭的和睦、生活的明丽和孩子的懂事，他们会为有你这样的好孩子而舒心、惬意和自豪的！

4.兄弟姐妹之间的礼仪

要相互尊重，相互谦让，相互支持，相互帮助。哥哥姐姐要照顾、谦让弟弟妹妹，为他们做好榜样，弟弟妹妹也应尊重、关心哥哥姐姐。将来各自长大成人后，要注意处理好兄弟姐妹之间的矛盾，彼此宽容、避免家庭纠纷。同时还应经常相互走动，避免感情淡漠，在任何一方有困难时都应积极帮助。

八、尊重长辈礼仪

1.对父母长辈不能直呼姓名，更不能以不礼貌言词代称，要用准确的称呼，如爸爸、奶奶、老师、叔叔等。

2.向父母、长辈问候致意，要按时间、场合、节庆的不同，采用不同的问候方式。

(1)早起后问爸爸、妈妈早上好。

(2)睡觉前祝爸爸、妈妈晚安。

(3)父母下班回家时说："爸爸、妈妈回来啦。"

(4)长辈过生日时说："祝您生日快乐、身体健康。"

(5)过新年时对父母说："祝爸爸、妈妈新年愉快。"

(6)当爸爸、妈妈外出时说："祝爸爸、妈妈一路平安、办事顺利。"

(7)当爸爸、妈妈外出归来时说："爸爸、妈妈回来啦，辛苦了。"

(8)自己告别家人时说："您放心吧，我会照顾好自己。"

3.经常主动地把生活、学习、思想情况告诉父母，有过错不要隐瞒、撒谎；对长辈有意见，应礼貌地指出，不闹脾气，不顶撞父母、长辈。

4.平时应听长辈的话，不可顶撞长辈。

5.用餐时请长辈坐上席，等长辈动筷后方可吃饭。

6.如遇外出或有其他事情时，应先向长辈请示汇报。

九、亲友间的礼仪

(一)拜访亲友(做客)的礼仪

1.选择适当时间，一般不要在别人吃饭和休息的时间去拜访，最好事前同对方约定时间。如果是晚上拜访亲友，逗留的时间不要太长，以免影响主人及其家人的休息。

2.做客时穿戴要整齐，仪容要整洁，以表示对亲友的礼貌和尊重。

3.进门前要按门铃或轻轻叩门，待有回音或有人开门后方可进入，即使主人家门是敞开的也不能乱闯，应站在门外打招呼，等有人应答后再入内。

4.进门后应正确热情地招呼师长或亲友家里的人。

5.如果拜访的人是师长或自己第一次前往做客，要特别注意：主人未坐下时自己不

能先坐，如拜访的亲友很熟则可以随便一些。进屋后，对亲友家的其他成员要主动打招呼，如遇到许多人在座应经主人介绍后对其一一问好。

6.入座时，动作要轻稳，不可猛地一下子坐下，发出响声。入座后，手可平放在沙发上或沙发的扶手上，上身稍微向前倾，以示对主人的尊敬。

7.交谈时，如有长辈在座应该用心倾听长者的谈话，而不可随便插话，更不能大声讲话。

8.在亲友家不可随便东跑西窜，不可随便动用主人家贵重的东西。

9.拜访时间不宜过长，若发现主人因自己在场有所不便时，应尽快告辞。

10.离开亲友家时要郑重其事地告别，并说些感谢的话，如"今天真高兴"，"欢迎到我家去"等。

(二)探望亲友的礼仪

当亲戚、朋友、同学、老师本人或家庭中发生意外(包括疾病、伤害、中毒、盗窃、火灾、死亡等)时，到对方家中或其他处所探望，是常理中的事。但是，探望时必须讲究礼仪。

1.讲究时机　探望要讲究时机，注重场合。一般地说，当发生意外的主体情感正在冲动之时，或处于极度悲痛之中时，一般

人(除非是最亲近的人)是不宜去探望的。应该让他有一个自我的缓冲期。待感情的冲动期过去以后,才可以适时地去探望,而且探望之前一定要征得当事人本人的同意,绝对不要勉强。

2.带点礼品　探望本身就是对发生意外的对方或家庭进行慰问,因此带一点礼品也是常理中的事。但是,礼品不要花费太多,能表示自己的心意即可。尤其是作为学生,本身还是个消费者,更不必在这方面花费太多。值得注意的是,买礼品时也要注意一下社会生活中流行已久并为人们广泛接受的习俗或禁忌。

3.讲究服饰　发生了不幸的事,总不是令人高兴的事。因此,探望者的服饰就不能打扮得过分花哨、色彩过于艳丽,探望时,一般以穿中性色调的衣服为宜。

4.注意言谈　在言谈上,要做到适度得体。尽量谈及一些轻松愉快和有意思的事,对发生意外者进行精神上的调节和抚慰。不要谈及病情、伤势,最重要的是,在言谈间不要泪流满面,这样会刺痛伤病者的创口,使之产生新的不快。

5.遵守纪律　如果是到医院探视病人,要

遵守医院的探视时间和制度。在病房中与病人交谈，要尽量压低音量，保持病室的清静，以免影响其他病人的正常休息。同病人交谈，一般时间不要太长，那样是会影响病人的休息的。当医务人员劝导探视者离开时，要听从劝导，不要赖着不走。

（三）参加丧事的礼仪

1.保持悲伤的情绪，不能毫无表情或无动于衷，更不能流露出厌烦的神情或笑容。

2.着深色的服装（或白色上衣深色裙裤），在衣袖上戴上黑纱，也可在胸前佩上白花。

3.不可昂首阔步，而应微微低头，迈着慢步。讲话发音要低调，不能发出怪声。

4.不可与参加丧礼的人交头接耳或议论其它事情，甚至谈笑风生，更不能结群吵闹、追逐嬉戏。

5.坚持参加到底，不能中途退出。

十、与邻居相处的礼仪

——怎样与邻居相处和来往

远亲不如近邻。有了好邻居就等于生活中增添了左膀右臂，危难时也有支持和救助。我们应当正确处理好左邻右舍的关系。

(一)邻里相处三原则

1.互敬互助　邻里之间应平等相待，相互尊重，友好相处，同时应相互照顾，相互帮助。

2.遵守公德　(1)借东西，注意爱惜，用后要及时归还；(2)讲礼貌，尊重他人隐私，不打探别人家的秘密；(3)讲团结，不搬弄是非，不横行霸道；(4)多关心，平时要多问好，节日要多祝福，邻居家有事要多帮忙。

3.相互谦让　谦让可防止和减少矛盾的发生，也有助于纠纷和矛盾的解决，遇小事千万不要斤斤计较。

(二)邻里相处五禁忌

1.忌以邻为壑。

2.忌无端猜疑。

3.忌各扫门前雪。

4.忌自以为常有理。

5.忌在邻里间说长道短，搬弄是非。

第六篇 学生社会交际礼仪

一、交际礼仪

(一)敬礼礼仪

1.敬礼有注目礼、点头礼、握手礼、鞠躬礼、举手礼、屈膝礼和拥抱礼等。

2.敬礼的一般顺序是：

(1)职位低者应主动向职位高者致意；

(2)年幼者应主动向年长者致意；

(3)资历年岁相仿者，依身份高低及社会交往的目的，互相敬礼。

3.升降国旗或演奏国歌时，须就地驻足行注目礼或举手礼。

4.在不方便的场所，如厕所、浴室、病房、理发厅或紧急场合，如水灾、火警、空袭等，均不必教条致意，却急需谦让、互助和友爱。受礼者，应及时答谢。

5.在多人同时握手时，切忌进行交叉握手。

6.标准的握手姿势应是平等式，即大方地伸出右手，用手掌或手指用一点力握住对方的手掌，通常以3秒钟左右为宜。

7.与他人握手时，应注视对方，微笑致意，不可左顾右盼，心不在焉。握手时须脱帽、起立，不能把另一只手放在口袋中。

8.迎送客人时不要跨着门槛握手。

(二)见面礼仪

见面打招呼是人类最通用和最起码的交际形式,人与人之间的联系和交流往往就是从这里开始的。打亲切得体的招呼,给你的亲人、你的师长、你的同学以及与你相遇的人都会留下一个好印象,你的学习和生活肯定会因此而变得更加愉快!

1.主动招呼　走在路上或在公共场所,遇见相识的人时,要主动地打招呼,问候致意。可以说"您早"、"您好"、"晚上好"等。说这些时,双目要注视着对方,表示出自己的一种诚意。看到对方时如果距离较远,就应该走近些再打招呼,远距离地大声喧哗是很不礼貌的。在公共场所大声呼叫,也很可能引起某些不必要的麻烦。

2.热情回应　如果是对方先看到了你,首先给你打招呼,应马上应答致意。大大咧咧,满不在乎,是不礼貌的。别人跟你打招呼时,由于公共场合的声音嘈杂等原因而没有及时回应的,知道后要主动加以解释,并表示歉意,以取得对方的谅解。

3.面带微笑　在公共场合见到友人总是很高兴的事,不管你原先的心情怎样,都应面带微笑面对友人。如果由于学习或生活中有什么不如意事而有些不高兴,这时也不应挂在脸上,以免引起别人的误会。

4.躬身或握手　与人见面时,可根据实际情况用躬身或握手的方式向对方表示友善和问候。一般来说,年轻人与年轻人之间,可用握手礼。而在行程中路遇长者、尊者,一般取躬身礼,躬身时要注意随意、真诚,切忌做作或敷衍。有时面带微笑地点头,也不失为一种招呼礼仪。

在社会交往日益频繁的当代社会，见面礼显得特别的重要。有时交往过程中的“第一印象”，会对人际关系产生重大而久远的影响。我们要学会灵活地、熟练地掌握见面礼仪，为我们的学习生活和社会生活服务。

(三)握手礼仪

握手是当今世界上绝大多数国家都通行的见面和离别礼节。它含有感谢、慰问、祝贺、鼓励和情感交流等多元的价值。正确进行握手，是人际交往的重要手段。

握手标准方式是行至距握手对象约1米处，双腿直立，上身略向前倾，伸出右手，与对方的右手相握。握手时，力度要适中，上下稍晃动三四次，随即松开手。

与人握手时，神态要专注，要热情、友好、自然，面带笑容，目视对方，同时也向对方问候。

作为一种礼仪的握手，要注意这样一些方面：

1.掌握力度　握手时为了表示友好热情，握人的手，应该有一定的力度，但应以不握痛对方为度，这要根据对方的实际情况为定。一般握手，握一下即可，持续的时间不必太久。男子与女子握手的时候，特别应掌握分寸，握的力度要比同性男子小，握的时间也不宜过长。西方人在男子握女子时，只握女子的手指部分，以示尊重。

2.分清顺序　一般而言，握手的先后顺序是：男女之间，男方要等女方伸出手才能握手。如女方不伸手，无握手之意，就可以点头或鞠躬代之。在宾客与主人之间,主人应首先向客人伸出友好的手,以示欢迎。长幼之间,年幼的要等长者先伸出手后,才可去握手。上下级之间,一般要等上级先伸手,以示对上级的尊重。多人握手时,一般不要交叉,应让一个人握完手以后再握。

3.精神专注　握手时一定要眼看着对方,不要在张望第三方时与人握手,那样是不礼貌的,即使你自己无心,人家也会以为你是不尊重他。另外,军人戴军帽与人握手时,应先行军礼,然后再行握手礼。

(四)交谈礼仪

语言是社会交际的工具,是人们表达自己的意愿、思想、感情的媒介和符号。对一个人来说,语言的使用反映着他的道德情操和文化素养。在与他人的交往过程中,如果能做到言之有理、言之有礼、谈吐文雅,就会给人留下良好的印象;反之,如果语言粗鲁、恶语伤人,那么只会引起人的反感、讨厌。

1.态度诚恳　说话本身是用来传达思想感情的,所以,说话时的神态、表情都十分的重要。说话必须做到态度诚恳、亲切、中肯,才能使对方对你的话产生表里如一的印象。

2.用语文雅　用语文雅,本身就是对人尊重的表示。如称呼对方为“您”、“先生”、“小姐”,比直称“你”交际效果要好得多。用“贵姓”代替“你姓什么”,也会使人听了舒服。在使用语言上,要学会对人用敬语、对己用谦语的习惯,尤其是在对待老年人和比自己年幼的孩子时更应注意礼貌用语。

3.言之有物　指讲话有内容，所说的情况符合实际。与之相对的是言之无物。言之无物有两种情况：一是说大话、假话、空话、套话，那样是会令人产生厌倦情绪的，反而达不到交谈的良好效果；二是语言技巧上的问题。只有讲得实在、有内容、切合实际，才能打动人。言之有物要求于人的是：讲自己的真实思想，讲自己的真情实感，那样即使讲得并不怎么贴切，人家也不会反感。

4.言简意赅　一个人说话应力求做到言语简洁而意思清楚。从语言美的角度看，言语啰唆，意思表达不清楚，既浪费别人的时间，又浪费自己的时间，对人对己都不礼貌。在社会交际中，我们应该在用词的概括性、表现力上下工夫，还要学会准确地用词，只有这样，才能真正做到言简意赅。

5.理直气和　一般人总认为，"理直"就应该"气壮"，因此常常是"得理不饶人"，以声色俱厉来压服人，结果事与愿违，不仅收不到好的效果，有时还会闹出种种不必要的矛盾来。我们主张

"理"要直，而"气"要和，也就是理由要充分，而态度要和气。态度和气，本身就是一种礼貌的表现。有时在对方还不能同意自己的看法时，可以作这样委婉的解说："我是这样认为的，也不一定完全对，你可以再考虑一下。"这样在心平气和的情况下，对方就比较容易接受你的正确看法。

(五)告别礼仪

告别是人际交往中的重要时段和内容。如果告别能留给人以美好的印象和久远的回味，那就是一种成功的告别。成功的告别大致包含如下这样一些要素：

1.略作铺垫　告别不应该是社会交往中的"急刹车"，应在之前略有一点铺垫，使对方对告别有一个思想准备。比如说，你在一刻钟之后有一件事要干，那不妨在这之前把情况向对方说清楚，这样对方会把要说的言简意赅地说了。如你不事先给对方打招呼，突然一看表说"我要走了"，就显得唐突而失礼了。

2.适度寒暄　在告别之时，可以作一些适度的寒暄，如对长者、师者表示问候，请对方保重身体等。对待同辈朋友，可以问候其父母，祝其安康。也可根据实际情况，向对方表示良好的祝愿。

3.相伴一段　如果在与对方告别时，能相伴一段路程，那是很温馨的事。这一方面可以借此机会说些依依惜别的话，把相聚时还没说完的话说一说，同时也表示自己对对方的深情厚谊，在礼节上更加完美。当然，相伴只是一程而已，能表示礼节即可。

4.挥手告别　采用挥手告别的正确做法是：身体站直，不要摇晃和走动，目视对方，不要东张西望。可高扬右手，也可双手并举，但不要只用左手挥动。手臂要尽力但显得自然地向前伸，不要举得过低，也不能过分的弯曲。掌心要向外，指尖要朝上，手臂要左右挥动。如用双臂道别，两手要同时由外侧向内侧挥动，不要上下摇动或者举起双手而不动。

5.目送远去　不少人告别的前期礼仪都不错，但是到了最后关头会失礼。对方刚上车辆，或步行还不很远的时候，送别者一转眼之间就不见了，这会使人感到很扫兴。应该让对方远去以后，送别者才离去，那样在礼数上就周全了。

（六）询问礼仪

在日常生活中，向人询问是经常会发生的事。这种看来是极平常的一两句话，实际上反映了一个人的修养和文明程度。

1.选择适合询问者的招呼语向人询问时，要选择适合于对方身份的招呼语

如对较有身份的人士可称之为“先生”、“小姐”，而对一般工农大众称为“师傅”、“同志”更妥贴。在招呼语上，一是切忌使用会让人不高兴的不雅的称谓，如“老头”、“戴眼镜的”等，二是切忌使用“喂”等不礼貌的招呼语。

2.学会应用请求语询问，是一种请求别人帮助时最适度的请求语

如“请”、“麻烦您”、“劳驾”、“请问”、“请帮助”等。如想咨询某方面的问题，可以说“我想向您请教一个问题”。请求获准后，

要认真地听取，要神情专注，不能目视左右。

3.感谢被询问者

无论询问的结果是完全满意还是部分满意，或是完全不满意，都要表示真诚的感谢，这是对询问者最起码的礼仪。有的人问过后会一言不发地急速离去，甚至因答复不满意而态度不好，这实在是很不礼貌的。

4.态度谦逊、语言亲切

无论是招呼、询问还是聆听、感谢，都要态度谦逊、语言亲切。

二、待客礼仪

(一)邀请礼仪

1.如遇比较隆重的庆典，应预先发请柬；小型聚会，口头或电话邀请就行了。

2.要提前考虑宾客的人选，重要聚会应将准备邀请的人告知被邀者。

3.在客人到来之前，将用于招待的物品放于最方便之处。

4.屋子也应稍作整理，杂乱无章会令客人不舒服，但整齐到令客人小心拘束也不必。

5.主人应提前在聚会地点等候，客人到了而主人不在就太失礼了。

6.被邀者如因故不能参加或不能及时到达，应提前礼貌地通知对方，请求对方谅解，不能贸然缺席或迟到。

(二)迎客礼仪

1.客人来访要事先有准备,把房间收拾整洁。要热情接待,帮助父母排座并让客人坐主要位置,待递茶后可告辞离开,当父母送客时应与客人说“再见”。

2.自己的同学、朋友来访应热情迎接。初次来访应向父母逐个介绍,然后把最佳座位让给客人,可用茶水、糖果、玩具、图书等招待客人。

3.父母的朋友带小孩子来访应同小孩一同玩或给他讲故事,也可以和他们一起听音乐、看电视。

4.吃饭时同学、朋友来访应主动邀其一起用餐。如果客人申明吃过了,要先安排朋友就坐,找些书报或杂志给他看后再接着吃饭。

5.接待老师应像接待长辈一样热情庄重。

6.当家中长辈不在时我们应该负起主人的责任。把熟悉的客人迎进门并倒茶招待;对陌生的来客,可隔着门缝告知家长外出,请其改日再来访。假如父母一时回不来而客人有急事要走时,则可以问客人有什么事需转告,或让他们留下字

条，如方便也可电话告知父母。

(三)送客礼仪

1.当客人表示要走时通常要婉言相留，表示希望其再多坐一会儿或恳请其下次再来，但不能大喊大叫硬拉着不让人家走，那样就过分了，反而显得粗暴无礼。

2.客人提出告辞，应等客人起身后主人再起身相送，不可当客人一说要走就迫不及待地摆出送客姿态。

3.送客时，应和长辈一起把客人送到门口并说："再见，欢迎再来。"切记不要刚和客人道别后马上就转身进门，更不可当客人双脚刚跨出门槛时便"砰"地一声把门关上，这样做无疑等于向离去的客人表示："我讨厌你!"

(四)待客中的失礼行为

1.当客人来访时，你蓬头垢面，只穿着短裤、内衣甚至赤身裸体在客厅行走。

2.客人进门时，你仍是我行我素，正在吃饭时也不放下碗筷招呼客人，或正在躺着休息时也不马上站起来表示歉意。

3.客人进来了，而你却大模大样霸占着主座，茶几上则都是乱七八糟的物品，而你却一点收拾它们的意思都没有，令客人几乎难以入座。

4.家长正与客人谈话，而你仍旁若无人，电视机、收录机照看照听，打扑克、吹口琴也照常进行，室内嘈杂得像个"大集市"，一刻也不得安宁。

5.与客人谈话时心不在焉，答非所问，或者一边做作业、看电

视，一边与客人交谈，有上句没下句的。

6.把客人拎上门的礼品当场打开，连客人随身带的物品也错当作是送给自己的礼品随意翻弄。

7.当家长把第一次登门的客人介绍给你时，你却对来客视若不见，爱理不理。

(五)有礼貌地接待家访的老师

老师上门家访时应注意：

1.恭敬地出门迎接，热情地招呼。

2.若老师是初次上门，在请老师进门之后应相互介绍老师与家长。

3.备好椅凳，请老师坐下。

4.向老师敬茶时要使用干净的杯子，双手捧上。

5.在一般情况下，为了便于老师和家长交谈，学生应作礼貌性的回避。如果老师主动请学生留下则可以静坐在一旁倾听老师和家长的交谈，并有礼貌地作出一些解答。

6.当老师告辞时，要出门送行。

三、餐饮礼仪

(一)日常饮食礼仪

1.餐具须保持清洁，使用时切勿出声。

2.就餐时，应与餐桌保持适当距离，身体端正。

3.与同席者谈话，不宜高声，以对方能够听到为宜。

4.与同席者同时进食，进食时应细嚼慢咽，力避出声。

5.饭菜屑、骨刺、餐巾纸勿抛掷在地上。

6.欲先离席，须向主人及同席者致歉。

7.全桌食毕，待主人起立，然后离席。

8.离席后应立门旁，请年长者先出门。

(二)就座和离席的礼仪

1.应等长者坐定后，方可入座。

2.席上如有女士，应等女士坐定，方可入座。

3.拖拉座椅，力道宜轻，不要有刮地板的声音。

4.坐姿要端正，与餐桌的距离应保持适宜。

5.在饭店用餐，应由服务员领台或主人安排入座。

6.餐毕，须待主人离席，其他宾客再开始离座。

7.离席时，应招呼邻座长者或女士并帮忙拖拉座椅。

8.中途有急事需离席，应先向主人打招呼，切勿过分打扰他人。

（三）使用筷子的礼仪

1.在等待就餐时，不能拿筷子随意敲打，发出响声。

2.在餐前发放筷子时，要把筷子一双双理顺并轻轻地放在每个人的餐桌前，相距较远时，可以请人递过去，不能随手胡乱掷在桌子上。

3.筷子不能一横一竖地交叉摆放。筷子要摆在碗的旁边，不能搁在碗上。

4.在用餐中途暂时离开时，要把筷子轻轻搁在桌子上或餐碟边，不能插在饭碗里。

5.在夹菜时，不能用筷子在菜盘里上下乱翻；遇到别人也来夹菜时，要注意避让，谨防“筷子打架”。

6.说话时，不能把筷子当作道具，在餐桌上乱舞。

7.请别人用菜时，不要把筷子戳到别人面前。

8.千万不要把筷子当牙签使用。

（四）餐桌上的一般礼仪

1.入座后姿势端正，脚踏在本人座位下，不可任意伸直，手肘不得靠桌沿，或将手放在邻座背上。

2.用餐时须温文尔雅，从容安静，不能急躁。

3.在餐桌上不能只顾自己，也要关照别人，尤其要招呼两侧的宾客。

4.口内有食物，应避免说话。

5.自用餐具不可伸入共用餐盘夹取菜肴。

6.必须小口进食，举止文雅。

7.取菜舀汤，应使用公筷公匙。

8.吃进嘴的东西，不能吐出来，如是滚烫的食物，可喝水或果汁缓解。

9.两肘应向内靠，不宜向两旁张开，碰及邻座。

10.自己手上持刀叉，或他人在咀嚼食物时，均避免跟人说话或敬酒。

11.好的吃相是食物就口，不可将口就食物。食物带汁时不能匆忙送入口，否则汤汁滴在桌布上，极为不雅。

12.切忌用手指剔牙，应用牙签，并以手或手帕遮掩。

13.避免在餐桌上咳嗽、打喷嚏、嗳气及放屁。万一不禁，应说声“对不起”。

14.如有意外，不慎将酒、水、汤汁溅到他人衣服上，表示歉意，叫服务员帮助即可，不必恐慌赔罪，反使对方难为情。

15.如欲取用摆在同桌其他客人面前之调味品，应请邻座客

人帮忙传递，不可伸手横越，长驱直取。

16.如系主人亲自烹调食物，勿忘给予主人赞赏。

17.进餐的速度，宜与主人同步，不宜太快，不宜太慢。

18.餐桌上不能谈悲戚之事，否则会破坏欢愉的气氛。

19.在招呼服务员时，一般应用眼色或举手示意，切忌高声大叫，要注意礼貌。

20.食毕，餐具务必摆放整齐，不可凌乱放置。餐巾应折好，放在桌上。

(五)饮茶礼仪

1.请客人喝茶，如果条件许可，先征询客人喝什么茶。

2.要将茶杯放在托盘上端出，或用双手奉上。

3.茶杯应放于客人右手的前方，然后要及时给客人添水。

4.客人则须善“品”，小口啜饮，而不是大口大口地喝。

四、公共场所礼仪

(一)走路礼仪

在平常的走路中同样包含着许多的礼仪要求。

1.自觉遵守行路规则，维护交通秩序，注意交通安全。

2.行人之间需要相互礼让，不要横冲直撞。

3.走路遇到熟人要主动开口问候，不能视而不见，把头扭向一边，擦肩而过。

4.走路姿势是个人精神风貌的体现，我们要时时留意自己的走路姿势。正确的走姿是：挺胸抬头，不驼背、含胸、乱晃肩膀，目光要自然前视，不左顾右盼，东张西望。

5.走路时忌边走边吃东西，甚至随意抛洒果壳或废纸等，这样既不卫生又不雅观。

6.走路时要注意爱护环境卫生，不要随地吐痰、乱抛脏物。

(二)骑(电动)自行车礼仪

1.严格遵守交通规则。不逆行，不闯红灯，不突然转弯，不与其他骑车人勾肩搭背，不骑车带人或带超宽超高物品，不互相争抢路道、嬉戏追逐或比赛车速，更不可为显示自己车技高明而在大街上横冲直撞，或双手离把骑车。

2.礼让他人。骑车进入校门、机关、工厂大门时要下车向门卫致意，征得同意后再推行入内。

3.如果不小心撞了行人应主动下车道歉、搀扶。如果撞得较重，应立即陪送其去医院治疗，千万不能撞了人就飞车溜走。

(三)乘坐公共汽车礼仪

1.排队候车，先下后上。让妇女、老人、小孩和残疾人先上车。

2.注意安全，扶好、坐好。不要将身体伸到车厢外，或随意动车厢里的设施。

3.主动给老人、病人、残疾人、孕妇和带小孩的妇女让座。

4.尊重司乘人员，主动按规定买票。

5.爱护环境卫生，保持车厢和站内的环境卫生，不能向窗外扔东西。

(四)乘坐小轿车礼仪

1.乘坐由专职驾驶员驾驶的轿车时，其座次自高而低为：后排右座、后排左座、后排中座，前排右座。

2.当主人驾车时，其座次自高而低为：前排右座、后排右座、后排左座、后排中座。

3.尽量让师长或客人坐座次较高的座位，自己坐座次较低的座位。

4.系好安全带，少与驾驶员讲话，头手不放窗外。

中小学生文明礼仪知识手册

5.在车上不要随意翻动东西,也不要随意丢弃垃圾。

6.车停稳后再上下车,尽量从右侧上下车,注意安全。

7.下车后带走垃圾和随身物品,不忘与驾驶员道别。

8.如果是出租轿车,别忘记索要发票,以防需用。

(五)乘坐电梯礼仪

箱式电梯

1.上下箱式电梯时要礼让,做到先出后入,依次进出,尽量让老人和妇女先行,先上的人要尽量往里站。

2.如遇箱式电梯超载,应主动退出,不要强行闯入。

3.不要随地吐痰或丢弃杂物。

4.不要高声喧哗,要爱护公物。

5.与同乘箱式电梯人不相识,不要四处张望或盯着某一个人,目光可自然平视。

扶式电梯

6.乘扶梯时应靠右侧站立,为有急事赶路的人空出左侧通道。

7.手应扶在扶式电梯扶手上,以免失足摔倒。

8.主动照顾同行的老人、小孩和行动不便的人。

9.不可逞能与扶式电梯赛跑,逆着电梯运行方向行走。

10.有急事走急行通道时要确保安全和礼貌。

（六）进卫生间礼仪

1.公共卫生间人多时应主动在大门口排队，出来一位进去一位，不要紧贴在卫生间的小门等候。

2.用洗手间时一定要关上小门，用完后不用关门。

3.上完卫生间，一定要冲水，并用纸巾将马桶垫圈擦干净。洗完手后也要用纸巾把手和弄湿的洗手台擦干净再离开。

4.洗完手后一定用纸巾或烘干机将手弄干，不要边走边甩手，这样容易将地板弄湿。

（七）观看演出礼仪

1.应提前到场入座，如迟到应等到幕间休息入场，尽量不打扰他人，请他人让路应道谢。

2.观看演出时，不戴帽子，不吃带皮、壳和带响声的食品，不要把脚踩在前排座椅上。

3.如有垃圾应放入随身带的垃圾袋，离场后再放入垃圾箱。

4.尊重演员。演出结束后，向演员鼓掌表示感谢。演员谢幕前，不要提前退席，更不能上舞台东张西望。

(八)观看比赛礼仪

1.文明观看比赛，理智对待输赢。

2.主场观众应体现出东道主的风度和公平精神，为双方鼓掌。

3.遵守赛场秩序，不乱跑乱窜。

4.语言文明，着装得体，热情大方。

5.不乱抛杂物，爱护公物和环境卫生。

6.按照顺序退场，不要拥挤推搡，谨防踩踏。

五、参观礼仪

1.进入博物馆和美术馆要将大衣、帽子以及旅游携带的杂物存放在衣帽间。不要戴帽子或者携带食品杂物进入展览厅，一边参观一边吃东西是不文明的举止。如果要吸烟、喝水、吃东西可以到休息室去。

2.展览厅内要保持安静的环境和良好的学术氛围，对讲解员的解说要专心倾听，遇到不懂的可以请教，但不要问个没完没了，惹人生厌。参观时也不要对展品妄加评论。如果你很欣赏某件展品，在不妨碍他人的情况下可以多欣赏一会儿；如果别人停住欣赏某件展品，而你不得不从他面前穿过时，一定要说“对不起”。

3.参观时要爱护展品，不要用手触摸，特别注意不要碰坏展品和其他设施。对于博物馆和美术馆的特殊规定，参观者一定要遵守。

六、假期旅游礼仪

1.文明行路　要自觉遵守交通规则，听从交警和交通信号指挥。要走人行道，不跨越交通隔离护栏，不抢行机动车道，不三五成群并排行走，在行人拥挤的路段不追跑打闹、横冲直撞。

2.文明乘坐　主动配合乘务人员维护公共秩序，要按顺序慢步轻声地登车、登机或上船，扶老携幼，不抢座位，不大声喧哗。

3.文明观光　在旅游景区要讲究社会公德，不乱丢垃圾，要举止文明，要使用礼貌语言，要爱护公物，特别要注意保护文物古迹，不乱刻乱画。

4.文明住宿　住旅馆要随手关灯，节约用水，爱护室内物品。晚上按时就寝，不大声喧哗，以免影响他人休息。

七、通信礼仪

(一)接打电话礼仪

1.礼貌问候，自报家门，声音清晰，咬字清楚，语调适度，保持一张笑脸，姿势良好。

2.听到铃响，迅速接听，不应让铃响超过三次。

3.转接电话一定要确认对方姓名和身份。

4.备好便纸条，左手握话筒，右手执笔。

5.不要忘记礼貌性的寒暄。

6.打电话一方先挂电话，话筒要轻放。

7.如为他人记留言，一定要记录清楚，及时传达。

8.如遇骚扰或诈骗电话，应礼貌挂掉，不多搭理。

(二)使用公用电话礼仪

1.排队等候。

2.互谅互让。

3.通话应简单明了。

4.替人着想。电话拨不通时应让别人先打，决不要打不通也占着不放。

5.爱护电话设施，不能接不通就乱摔话筒。每人都有爱护公用电话的义务。

(三)写信礼仪

1.称呼要合适。第一行左起顶格是对收信人的称呼。

2.问候要热情。第二行左起空两个格开始写的内容是对收信人的问候。

3.祝颂要诚恳。写

信结束时好像向朋友告别似的,通常都要写上敬祝的话。

4.信封书写要清晰,要写上邮政编码和详细地址。

八、购物礼仪

1.进商场、超市购物要按规定存包。

2.购物时,若对已选好的商品感到不满意,应主动将其放回原货架区,不能随意放置。贵重商品应轻拿轻放。

3.市场内的商品不能随意品尝、试用。

4.付账时要自觉排队。

5对售货员的热情服务要表示感谢。

6.买所有商品都要付账,不顺手牵羊,不占小便宜。

九、日常涉外礼仪

1.遵守时间,不得失约。

2.谦恭礼让,女士优先。

3.称呼得当,礼貌适度。

4.尊重隐私,选择话题。

5.谈吐文雅,举止得体。

6.讲究卫生,注意仪表。

第七篇　特殊礼仪

一、学会赞美别人

赞美别人能使别人受到鼓舞，增强信心，而且使人与人之间的关系变得更加融洽、和谐。同学之间相处，如果你善于发现别人的长处，真心地给予肯定和赞美，那么，同学们的反馈也就会是他们对你的喜爱、赞美和鞭策，相反，看不到别人的长处，处处吹毛求疵的人无疑是不会被同学们喜欢的。

赞美方法有许多，如当面直接赞美、含蓄地赞美、提前赞美和通过他人进行赞美等。无论用何种方法赞美别人，真诚、礼貌和得体都是最重要的。

二、克服嫉妒心理

嫉妒好比一支毒箭，它不仅会射中别人，也会射中自己。嫉妒是一种极端自私的不健康的心理表现，我们应该坚决克服它。

首先，要深深认识嫉妒心理对自己的危害。处处嫉妒别人不但容易伤害别人，也容易使自己失去同情心、失去朋友，最终只会使自己处于孤立之地，令人讨厌。

其次，要明白每个人都不可能事事胜于别人，不要总是“居人

之上”心里才舒服。

另外，要正确认识自己。很多同学的嫉妒常常是和别人比较开始的，我们应当对自己有个恰当的评价，不应过高评估自己，同时学会取长补短，与同学们共同进步，共同提高。

三、开玩笑应注意什么

1.同学之间开玩笑时一定要注意不说讽刺挖苦人的话。

2.不拿人家的隐私或伤心事抖落、取笑。

3.开玩笑时一般不要牵扯到他人亲属，这往往会刺伤对方的自尊心。

4.注意开玩笑的场合。在严肃的场合中，当同伴遇到不幸和烦恼时，不要开玩笑。在人家聚精会神地工作或学习时，也不要开玩笑。

5.最好不要和性情孤僻、不苟言笑的人开玩笑，以免造成不必要的麻烦。

四、尊重少数民族的习俗

民族的风俗习惯，是一个民族在生产、居住、活动和长期的历史发展中形成的共同喜好、习尚和禁忌，它表现在饮食、衣着、婚姻、丧葬、节庆、庆典、礼仪等各个方面。尊重少数民族的风俗习惯，就是尊重他们的民族感情和民族心理，同时也是尊重历史和现实的表现。我国是一个多民族的国家，我国的历史是各民族的人民共同书写的，对任何民族风俗习惯的轻视，都不利于我国社会的和谐发展。

1.了解风俗习惯　作为组成我国民族大家庭中大多数的汉族人，对自己民族的风俗习惯也许比较了解，但对其他民族的民风民俗就不太了解了。为了社会的和谐发展，有必要学习一点民族知识。

2.尊重民风民俗　各民族之间的风俗习惯是有很大差异性的，除了少数明显的陋习、恶习外，大部分的礼俗都是有其自己的特色的，应该受到尊重。中国自古以来就有“和而不同”的优良传统，在民族大家庭的礼俗问题上，也应“和而不同”。在一定条件下还可以互相补充。

3.入乡随俗　应弘扬“入乡随俗”的好传统，我们应把“入乡随俗”既看成是一种很好的学习，又看成是联络民族感情的机会。

五、礼貌对待残疾人

残疾人是社会大家庭中一个特殊而困难的群体。与正常人相比，残疾人在学习、求职、工作、日常生活中都会遇到更多更大的困难，因此，他们在人际交往日常生活中更需要别人的关心、帮助、照顾和鼓励。

1.尊重残疾人人格　对残疾人来说，最重要的是人格的尊重。应当说，他们在生理上虽然有这样或那样的缺陷，但在人格上与正常人是平等的。在参与选举、集会、集体活动以及一般的福利待遇上，都应一律平等，不应有任何歧视。提高他们的自信心，提高他们的自立能力，是尊重残疾人的一个方面。

2.提供帮助和方便　生理和肢体上正常的人，应尽力为残疾人提供种种帮助和方便，以提高他们的生活质量。在道路上铺设盲道，在社区的出入口架设便于残疾车出入的坡道，在公共厕所设置残疾人专用便位，在公交车辆、机场开设残疾人专用通道，这些都为残疾人提供了帮助和方便，也表现了社会对这一特殊群体的礼仪和关爱。作为社会一分子来说，也应关爱残疾人。比如，在扶持行动有困难的残疾人出行，看到盲者穿马路时帮他们一把，在公共车辆上见到残疾人上车主动让坐。要形成一种风气，使他们切实地感受到人世间的温暖。

3.对待残疾人应语言文明　残疾人对别人的言语特别敏感，

我们必须谨慎地使用相关言辞。比如,以前通常把残疾人称为“残废”,这会使他们很伤心。事实上,可以说绝大多数残疾人是残而不废,他们中的大多数人能自食其力,有相当部分人还有发明创造。因此,我们应废止使用“残废”这种称谓。其他还有称盲者为“瞎子”,称下肢残疾者为“瘸子”等,这些都是不符合礼仪规范的,也会极大地伤害残疾人的心。

六、不歧视农村同学

城里人有城里人的聪明和潇洒,农村人有农村人的淳朴、憨厚和精明,各人都有自己的长处与不足,千万不要认为自己是城里人就高于农村人一等,并讽刺、挖苦或瞧不起农村的同学,这些无知的举止是十分有损自己的人格和形象的。要知道,现在城里工作生活较为优越的人绝大多数都来自于农村。

七、参与公益活动

力所能及地参与一些社会公益活动,做一个光荣的“志愿者”,投入到“送温暖、献爱心”的募捐慈善活动中去,是一个文明人素质的重要内容。青少年应积极参加诸如义务植树、无偿献血、青少年志愿者行动、认养珍稀动物和珍贵植物、社区爱国卫生大扫除等社会公益活动,并发扬“一方有难,八方支援”的精神,体现自己的爱心、同情心和牺牲精神。而参与这些公益类活动,都有相应的礼仪要求:

1.主动参与　参与公益活动，不是谁要我去做，而是我要去做，积极主动地去参与。要把参与公益活动看作是生活的一个必不可少的组成部分。

2.尽好责任　一般说来，参与公益活动的艰难程度比较大，因为它涉及到大众，面对着大众的评判。如果我们把它看作额外的负担，那事情一定办不好。我们应该把它看成每一个社会人应尽的一种责任和义务，这样你就会千方百计地把事情办好，再苦再累也不会有抱怨情绪。参与公益服务，不是负担，而是责任。努力尽好责任是每一个公民的义务。

八、做个有爱心的人

爱心即善心，它是一种高尚的情感，它是善的举动，它是爱的传递，也是我们民族的优良传统。一个人有爱心，他才会被别人所爱。有爱心的人给别人快乐，同时自己也快乐着。奉献爱心是件很容易的事，孝老爱幼、救困济贫、扶残助弱等都是奉献爱心。我们可以从小事做起，可以从力所能及的事做起，只要我们不放弃奉献爱心的机会，无论爱心播种在哪里，都会开花、结果。

奉献爱心也是一种特殊的礼仪，我们大家都应当做个有爱心的人。

九、诗歌《让爱　播洒人间》

让爱　播洒人间

马　利　虎

小时候，我感觉
　　爱心是母亲喂我那甘甜的乳汁，
　　爱心是父亲教我那咿呀的儿语，
　　爱心是奶奶在不停晃动的摇篮，
　　爱心是爷爷轻吟的那首古老的入眠曲……
长大后，我明白
　　爱心是饮水思源，
　　爱心是知恩图报，
　　爱心是帮助身边需要帮助的每一个人，
　　爱心是永远记住帮助我们的每一个人……
现在，我懂得
　　爱心是一种情怀，
　　　　是一种发自内心的信仰，
　　爱心是一种责任，
　　　　是一种崇尚善举的义务，
　　爱心是奉献快乐和快乐地奉献，
　　爱心是把幸福给予受施的人，
　　　　也把幸福留给施予的人，
　　爱心让我们快乐，
　　　　也让我们身边的人都快乐着……
爱心即爱，纯真的爱，无私的爱
　　亲情的挚爱，乡情的眷爱，
　　同胞的友爱，民族的大爱……
　　爱是第一缕阳光，爱是第一滴春雨，
　　爱是大海的澎湃，爱是天穹的蔚蓝。
爱是听不见的语言，爱是看不见的感动
　　爱或是理解，或是信任，

爱或是默默地祈祷，或是由衷的赞美，
爱或是轻轻的一举手，或是小小的一投足……
爱无所不在，芳满人间
爱在家庭，和睦融洽；
爱在工厂，务实创新；
爱在校园，团结向上；
爱在医院，周到热情；
爱在大地，芳香洋溢；
爱在人间，和谐温馨……
我们每天在沐浴着爱，感受着爱，
我们每人都经历了无数爱的洗礼。
爱创造生命，传承血脉，
爱撼动大地，复苏万物，
爱扭转乾坤，征服世界。
爱魔力无穷，功效非凡
有时候
爱像回荡在夜空中优美动听的歌谣，
能使孤苦无依的人获得情感的慰藉；
爱像屹立在黑暗中闪闪发光的灯塔，
能使漂泊迷途的航船找到温馨的港湾；
爱像燃烧在寒冬一堆小小的篝火，
能使贫困饥寒的人得到温暖和胆量；
爱像飞架在天边一道亮丽的彩虹，
能使满目阴霾的人见到美丽和希望。
爱如果点点汇聚，爱如果春潮澎湃，
山河将为之垂泪，世界会为之动容。
我们崇尚爱，我们赞美阳光
心怀爱心的人总是在播种阳光和雨露，
医治人们心灵的创伤，
当爱像和煦的阳光一样照彻寒冷的心房时，
爱仿佛一种弥散的花香和一波震颤的弦音，

热烈、持久，而又延己及人。

当爱的阳光苏醒了落寞孤寂的心灵时，受爱的人

会在自己的心田，用这份烛光似的火焰，

再去照亮另一颗心。

传播阳光释放温暖，升华爱心变为善举

善举是爱的行动，是爱的传递，是爱的奉献；

只有爱在传播，爱在奉献，爱才有意义

爱心是一种情操，爱心是一种美德，

爱心是人生的财富，爱心是生命的价值。

爱心需要传承，爱心需要发扬，爱心需要奉献

传承爱心，

需要我们把忠心献给祖国，爱心献给社会，

奉献爱心

需要我们把关心献给他人，孝心献给父母。

我们生长于爱的沃土，我们沐浴着爱的阳光；

我们有发扬爱的传统，我们有传承爱的使命。

我们一起来传播爱心，我们一起来奉献爱心

安老、扶孤、济困、助贫……

我们从现在做起，我们从力所能及做起，

我们向困难者伸出我们的双手，

我们给迷惘者点燃前进的希望。

社会正需要互爱，民族正需要和谐；

为了让冬天不再寒冷，

为了让黑夜不再漫长，

让我们唱响爱的旋律，发出爱的呐喊；

让我们缩短爱的距离，传播爱的讯息；

让真正的爱，无私的爱，厚重的爱

传向大地，播洒人间……

庚寅年3月28日于成都

注：本诗由作者的《爱心是什么》、《爱心充满人间》、《爱心的力量》和《我们一起来传播爱心》等诗组成。

第八篇 学生文明礼仪守则100条

A.交通礼仪

01.分清快慢车道、人行道，各行其道。

02.穿越马路时，须待绿灯亮。行人须走人行横道线。

03.骑车需超越前面骑车者时，应从左侧走。

04.骑车需打弯时，提前示意（一般是做手势），并尽量获取反馈以免不测。

05.在人群中行走时尽量不接触他人身体，切忌用手“拨拉”人。

B.在车站、车厢的礼仪

06.先下后上，并为下车者让出空间。

07.候车人多，需要排队时注意尽量避免与他人身体接触。

08.在车厢里不大声喧哗。

09.保持车厢干净，不要在车厢内乱丢杂物，不要将杂物丢往车外。

10.不要在空位上放置自己的物品。

11.当携带某些东西时（如湿的、腥的、有异味的），尽可能不妨碍他人。

12.不下车时不要堵

在门口。如果只能在门口,则尽可能为下车乘客让一下。

13.需要挤一挤才能到位的时候,事先向他人轻声说“对不起”。

14.如有不经意碰撞,为消除误会养成说“对不起”的习惯。

C.在教室的礼仪

15.进入教室,见到同学或老师要微笑致意,注意自己的言行,尊重同学和老师。

16.注意自己的课桌整洁。

17.得到同学的帮助应及时表达谢意。需要打扰别人时先说“对不起”。

18.进出教室时,礼让对方,避让对方。

19.开、关门注意轻开轻关,并应随手关门。

20.在教室里,注意不要进行针对第三者的密谈,不要进行可能引起他人不愉快的密谈。

21.不翻动同学桌上、计算机中、笔记本中与自己无关的任何资料。

22.男同学不抽烟,并恪守“女士优先”。

23.女同学尽量不化妆、不涂指甲,也不穿过分性感的衣服。

24.不给同学起“绰号”,不在学校里制造流言蜚语,或传播小道消息。

25.开会或聚会时,不对任何人的不同意见作出轻蔑的反应。

26.不在教室里脱鞋或将脚搁到桌上。

27.不要在教室里就餐,以免有不雅之味。

28.保持教室和课堂环境整洁。晚上要保证睡眠,白天上课要集中精力注意听老师讲课。

D.在阅览室、图书馆、展览会的礼仪

29.注意着装整洁。

30.遵守规则,爱护书刊杂志,小心抽取,阅后放回原处。

31.翻阅资料时不在上面涂鸦、折叠,保持资料的整洁。

32.要保持安静。不大声喧哗,走动时放轻脚步,安放椅凳时尽量不发出声响。

33.不要吃有声或带有果壳的食物。

34.离开之前,将所有借阅资料放归原处。

35.在展品前浏览时注意不要影响其他观众观看。

36.遵守展览会规定(如不抚摸展品,不吸烟,不吃零食……)。

E.在会场的礼仪

37.进大门时,如有侍者为你开门,应该道谢。

38.不迟到、不早退,不得已迟到、早退需经过他人座位前,先轻声说“对不起”。

39.不随便走动。

40.尽量不要拨弄那些会发出声响的东西(比如塑料口袋)。

41.不在下面开小会。

42.会议的主持者切勿心有旁骛。

F.在影剧院的礼仪

43.应注意体味清新、衣着整洁。

44.尽量提前5分钟到场。如演出开始后入场，应放轻脚步，尽量不影响演员的演出和观众的观看。

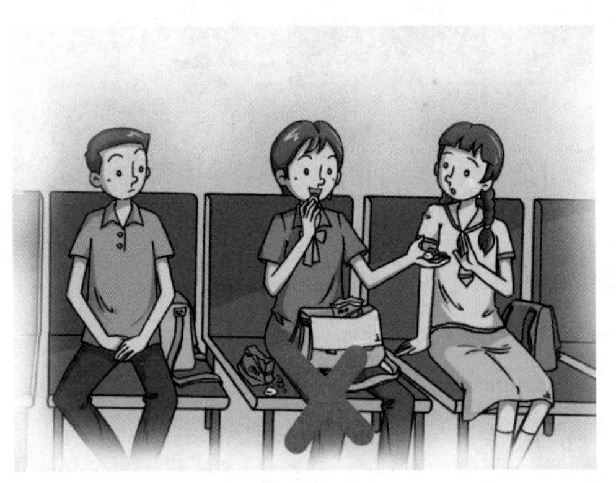

45.有他人从你的座位前经过时尽量收一下身子。

46.尊重演出环境，保持安静，切忌在影剧院吃食物、窃窃私语，更不可大呼小叫、笑谈喧哗。

47.演出结束时，用掌声向演员表示感谢，一般应待演员谢幕完毕后才离开座位。

48.听音乐乐章之间不鼓掌。

49.观看演出时尽量不发出杂音（如手机铃声、塑料袋揉搓声、座板翻动声）。

50.演出结束后观众应有秩序地离开，不要推搡。

G.在家庭的礼仪

51.日常生活起居作息有一定的秩序，早晨要尽量早起，晚上要适时而眠，而且对于从事的事情，不随便改变。

52.孝敬父母。早起时，向父母长辈问好。傍晚回到家，也要向父母亲问候。

53.每天早上起床必须先洗脸，然后刷牙漱口，解完大小便以后把手洗干净，坚持讲究卫生的好习惯。

54.父母召唤我们时，

要立即答应，不要慢吞吞地很久才应声。父母有事要我们去做，要马上去办，不要借故拖延，或者偷懒不做。

55.和父母在一起，要长存感恩之心，谦恭有礼，尊重父母，从小养成礼让的美德。不管是吃东西或喝饮料，要请长辈先用。

56.离家外出时与家人道别。

57.需晚归时及时通报。

58.应尽量按时回家吃晚饭，如有事耽搁或晚归，需及时向家人（说一声）报平安。

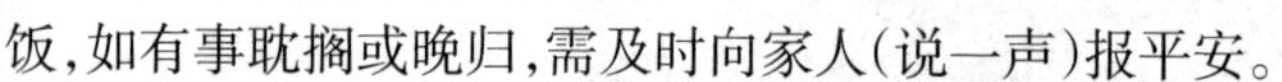

59.家里有客人来，主动帮助家人做好准备和接待工作。

H.着装礼仪

60.着装干净，整洁，不能有异味。

61.着装需注意场合及当时身份（色彩、款式）。

62.公共场合不能只穿内衣，也不宜穿内衣色彩太重的衣服。

63.着装单薄时切勿内裤外显，内衣带外露。

I.打电话（手机）礼仪

64.有电话进来，尽快应答："您好！"如电话接迟，应先说："对不起，让您久等了。"

65.给对方打电话时，先介绍自己。

66.打电话时，尽量放低音量。

67.打电话时，嘴里不要有东西。

68.转接电话时注意言辞和婉。

69.与人交谈时，如需接

听电话先向对方说“对不起，我接一个电话”，并告诉电话中的对方“我们简短些”，以示对对方尊重。

J.就餐礼仪

70.喝汤时、咀嚼食物时不发出响声。

71.用餐时注意不要嘴边沾有食物或油腻，随时用餐巾纸擦净嘴角。

72.嘴里有东西时不张嘴说话。就餐交谈时，不用餐具指向对方。

73.夹菜时不从底下向上翻动。

74.自助用餐时，不在容器里挑来拣去。

75.自助用餐时，按自己需要的量取用。

76.自助用餐后，尽量将餐具放置指定地方。

77.需要剔牙时，用另一手捂住张开的嘴。

78.吐出的骨、刺，放在骨盘（或放在纸）上，不要直接放在餐桌上。

79.就餐交谈时，音量控制在左右两边的人能听清的程度。

80.在路边买了食物，最好当场吃掉，不要边走边吃。

K.待客礼仪

81.在客人到来之前应将房间打扫干净，以示主人殷勤、欢迎之意。

82.为客人沏上一杯热茶或饮料解渴。待客时，不要看钟表，以免客人误会。

83.自始至终应陪同客人活动（特别熟悉的朋友另当别论）。

84.送客时，至少应该送出房门，待客人走出视线后再返回。

85.与客人握手时，目光应该看着对方，切忌环顾左右东张西望，不要带手套，握手时手里不能有东西，也不要有汗水。

L.做客礼仪

86.做客前要与主人约定时间。一经约定，切勿迟到，也勿太早到。

87.主人热情款待时，需表示感谢。

88.在主人家里，非经邀请不要乱走乱翻。

89.与对方交谈时，注意不要伸懒腰打哈欠，不掏耳朵，不挖鼻孔。

90.不得已咳嗽、打喷嚏时迅速用手(手巾)捂住张开的嘴，并可以轻声说："对不起!"

91.对于主人的热情相送应有感激之意，并请主人"留步"。

M.进洗手间礼仪

92.保持洗手间的清洁卫生。

93.进单间厕所时应关门。

94.轻开门，轻关门。

95.如厕后冲洗。

96.洗手后应擦干或烘干，不能乱甩手，将水滴洒在地上或他人身上。

N. 乘电梯礼仪

97.进出电梯时为需要帮助的人按住电梯门。

98.站在控制板前时主动询问他人是否需要服务；远离控制板的如有需求应客气请求他人。

99.电梯到达时，应先出后进。

100.在滚动电梯上下时尽量靠右站立，左边留给有需要的乘客畅行。